新型职业农民专业合作社

王正祥 主 编

中国农业科学技术出版社

图书在版编目(CIP)数据

新型职业农民专业合作社 / 王正祥主编. —北京：
中国农业科学技术出版社，2014.6
ISBN 978-7-5116-1676-0

Ⅰ.①新… Ⅱ.①王… Ⅲ.①农业合作社－专业合作
社－中国－技术培训－教材 Ⅳ.①F321.42

中国版本图书馆 CIP 数据核字(2014)第 113723 号

责任编辑　崔改泵　褚怡
责任校对　贾晓红

出 版 者　中国农业科学技术出版社
　　　　　　北京市中关村南大街 12 号　邮编：100081
电　　话　(010)82106624(发行部)　(010)82109194(编辑室)
传　　真　(010)82106624
网　　址　http：//www.castp.cn
经 销 者　各地新华书店
印 刷 者　北京富泰印刷有限责任公司
开　　本　850mm×1 168mm　1/32
印　　张　7
字　　数　180 千字
版　　次　2014 年 6 月第 1 版　2015 年 1 月第 3 次印刷
定　　价　20.00 元

前　言

　　农民合作社是在农村家庭承包经营基础上，同类农产品的生产经营者或者同类农业生产经营服务的提供者、利用者，自愿联合、民主管理的互助性经济组织。农民合作社以其成员为主要服务对象，提供农业生产资料的购买，农产品的销售、加工、运输、贮藏以及与农业生产经营有关的技术、信息等服务。全国农民合作社现已超过 90 余万家，合作社如何起步经营，成为越来越多合作社在实践探索的问题。

　　合作社是提高农民进入市场的组织化程度的最好形式。本书研究中国农村合作经济的理论、实践与政策。着眼于农村合作经济的组织形式与营运机制，目的是对我国农村合作经济进行全方位的总结性研究，既从全貌呈现我国农村合作经济各种形式的发展历程，又能帮助读者从相互联系中把握我国农村合作经济的发展趋势。

　　本书对合作社基本知识、农民专业合作社的管理、农民专业合作社的利益相关者及组建者、农民专业合作社的市场营销、农民专业合作社创建的形式、农民合作社扶持政策与项目申报、农村合作经济组织发展的国际经验及启示等方面进行了介绍。

　　由于编者水平所限，加之时间仓促，书中不尽如人意之处在所难免，恳切希望广大读者和同行不吝指正

编　者

目 录

新型职业农民专业合作社

第一章 农业专业合作社的概述

第一节 农村合作经济组织的内涵

一、农村合作经济组织

农村合作经济组织是由广大农民、涉农单位(公司、企业、团体)、政府部门等,以经济效益为中心联合组成的组织。其目的是组织农民进入市场,为农业、农村和农民提供服务,促进农业和农村经济结构调整,实现助农增收和农村经济发展。其范围包括农村集体经济组织、农民协会、合作社等。办好合作经济组织的宗旨是要有利于千家万户的小规模生产和千变万化的大市场对接;有利于推进农业产业化经营,提高农业的综合效益,促进农民增收,改善农民生活。

二、农村集体经济组织

我国农村集体经济组织,产生于20世纪50年代初的农业合作化运动。它是为实行社会主义公有制改造,在自然乡村范围内,由农民自愿联合,将其各自所有的生产资料(土地、较大型农具、耕畜等)投入集体所有(交给集体),由集体组织农业生产经营,农民进行集体劳动,各尽所能,按劳分配的社会主义农业经济组织。在历史演进中,它经历了3个主要时期,即合作化时期(从初级社到高级社);人民公社时期(生产队、生产大队、公社三级所有,生产队为基础);经济合作社时期(农村改革撤销人民公社,设立乡村建制后原来的人民公社、生产大队、生产队分别变更为乡、村、村民小组；为适应生产队的经济职能，又更名为经济合作社，村民小组和经济合作社两个名称同时存在）。合作化时期，农民对社会主义改造的热情较高，自愿入社，积极生产，合作社对经营管理的自主性也比较强，因此，这一时期的农村集体经济组织和集体经济比较正常；人民公社时期实行政社合一，强调一大二公，大搞一平二调，严重侵害了农民的利益，伤害了农民生产积极性，农村集体经济组织的行政化管理虽得到强化，却脱离了农村集体经济组织的性质和发展规律，严重阻碍了生产力的发展，农村经济几近崩溃；经济合作社时期，普遍实行了以家庭土地承包经营为主，统分结合的双层经营体制，调动了农民的生产积极性，适应了农村生产力的发展，搞活了农村经济，但也造成农村集体经济和集体经济组织经营管理能力的弱化。这些变化，虽然存在这样那样的问题，但都尚未改变农村集体经济组织的基本属性。

三、新型农民专业合作组织

20 世纪 70 年代末中国开始实行农村经济体制改革，农村经济得到迅速发展。但由于农业生产受交通、信息、技术及服务体系等诸多因素影响，农产品科技含量还不高，投入产出效益低，市场销售不顺畅，农民迫切需要建立和发展新型的自我服务组织，解决小生产与大市场之间的矛盾。在这种背景下，一些农民基于生产、加工和销售需要，自发组织起来，成立了一些小型的协会，这些协会以技术与协作为链接，规模经营农产品，产生了初期的农民专业合作组织。农民专业合作组织大多起步于技术服务和信息服务，此后逐渐向购销领域延伸，逐步构成从引进和改良品种、推广生产技术、实行规模生产，到组织加工销售的有机体系，实现了农业生产的产前、产中和产后的全程服务。

这些农村专业合作组织之所以称其为"新"，主要是用以区别 20 世纪五六十年代的传统农村合作社。新型农民专业合作组织不是为了取消和限制生产资料私人所有与家庭为单位的经营模式，而是在农民自愿加入的基础上于供应、生产、销售等环节上联合起来，应对外部市场风险，为农民提供资金、技术、信息等生产要素方面的帮助和服务，改变了个体经营"小"而"散"、应对市场能力差的局面，提高其竞争实力。随着市场经济体制的逐步建立，尤其是我国加入 WTO 后，农村千家万户分散的小生产方式与千变万化的大市场之间的矛盾日益突出。为了争取分散的小农经济能够与大市场抗衡，众多形式的农民专业合作组织如雨后春笋般应运而生。

四、农民专业合作组织与农村集体经济组织的区别

集体经济指的是生产资料集体所有制经济，它是从所有制方面来划分的经济形式；而合作经济是从组织经营的角度来说的，合作经济与集体经济是按不同的划分标准得出的两种经济形式。

(1)生产资料的占有和使用形式不同。农村集体经济组织的生产资料是集体占有；农民专业合作组织的生产资料是在所有权不变基础上的共同使用。

(2)职能不同。农村集体经济组织主要解决社区范围内经营者需要解决的共同问题，如水利、道路、公共卫生等；农民专业合作组织作为经营性组织，主要承担社区性集体经济组织承担不了也不应该承担的职能，比如，家庭经营需要共同解决的购买、销售、加工环节的事情，以及资金、技术、信息等问题。

(3)经营方式不同。农村集体经济组织实行以土地家庭承包为基础的统分结合的经营方式；农民专业合作组织是在约定的项目、范围、程度内实行统一经营，结成利益共同体。

(4)分配方式不同。农村集体经济组织以固定分配、按劳分配为主，目前主要以向成员提供福利为分配形式；农民专业

合作组织则按照股份、投资额或成员惠顾量分配为主。

（5）形成的基础不同。农村集体经济组织是在外力的作用下形成的，自愿不是它的特点；而农民专业合作组织是自愿形成的，不受外在因素的制约与干预。

（6）覆盖的范围不同。农村集体经济组织是社区性的，与村民委员会所管辖范围是一致的；农民专业合作组织可以跨村、跨乡、跨县，不受行政区域限制。

随着家庭联产承包责任制和粮食购销市场化等一系列农村经济体制改革，农民的市场地位已基本确立，但在农业市场化程度的提高和农产品供求关系不断变化的情况下，农民会遇到技术、资金、销售等多方面的问题。为了解决这些现实问题，农民从自身实际出发，缺钱的找资金，缺技术的请科技人员指导，缺市场的找渠道，规模小的联合起来，农村新型合作组织应运而生。

第二节　我国农民专业合作社的定义与性质

一、农民专业合作社的定义

农民专业合作社是在农村家庭承包经营基础上，同类农产品的生产经营者或者同类农业生产经营服务的提供者、利用者，自愿联合、民主管理的互助性经济组织。农民专业合作社以成员为主要服务对象，提供产前、产中、产后的技术、信息、生产资料购买和农产品的销售、加工、运输等服务。

二、农民专业合作社的性质

我国农民专业合作社在具备一般合作社自治性、自愿性、服务性、公益性等共同特征的基础上，作为独立的市场经济主体，具有法人资格，享有生产经营自主权，受法律保护，任何单位和个人都不得侵犯其合法权益，其特征如下所述。

(1)农民专业合作社是一种经济组织。近年来，我国各类农民专业经济合作组织发展很快，并呈现出多样性，但只有从事经营活动的实体型农民专业经济合作组织才是农民专业合作社。因此，社区性农村集体经济组织，如村委会和农村合作金融组织、社会团体法人类型的农民专业合作组织，如只从事专业的技术、信息等服务活动，不从事营利性经营活动的农业生产技术协会和农产品行业协会等不属于农民专业合作社。

(2)农民专业合作社建立在农村家庭承包经营基础之上。农民专业合作社是由依法享有农村土地承包经营权的农村集体经济组织成员，即农民自愿组织起来的新型合作社。加入农民专业合作社不改变家庭承包经营。

(3)农民专业合作社是自愿和民主的经济组织。任何单位和个人不得强迫农民成立或参加农民专业合作社，农民入、退社自由；农民专业合作社的社员组织内部地位平等，实行民主管理，运行过程中始终体现民主精神。

(4)农民专业合作社是具有互助性质的经济组织。农民专业合作社以社员自我服务为目的，通过合作互助完成单个农户不能做、做不好的事情，对社员服务不以营利为目的。

(5)农民专业合作社是专业的经济组织。农民专业合作社以同类农产品的生产或者同类农业生产经营服务为纽带，提供该类农产品的销售、加工、运输、贮藏、农业生产资料的购买，以及与该类农业生产经营有关的技术、信息等服务，其经营服务的内容具有很强的专业性，如粮食种植专业合作社、葡萄种植专业合作社等。

三、农民专业合作社与过去的合作社的对比

(1)组织方式不同。新型农民合作是在政府的引导下，农民完全本着自发和自愿的原则由农民自我组织；而不是过去的带有行政性强制要求。

(2)产权制度不同。新型农民合作构建了明晰的农户产权制

度，是农民私有财产权的一部分；而不是过去合作社的"产权人人所有"实质是"人人没有的产权"制度，即"一大二公""队为所有"。

(3)分配制度不同。新型农民合作以劳动和资本等生产要素进行分配；而不是过去"大锅饭"式的"平均主义"分配制度，出工不出力，一家一户不能搞经营，否则就是走资本主义，制约了经济的发展。

(4)生产管理不同。新型农民合作以市场需求进行专业化组织生产管理，是以信息和技术指导为主的家庭生产经营管理；而不是过去合作社的"高度集中生产经营和管理"体制。

(5)合作体系不同。新型农民合作是围绕农民需要而构建的多种合作组织体系，是通过农民的资本相互连接的统一的整体；而不是过去的"条块分割"合作体系（农业生产合作是"块"，供销和信用合作是"条"）。

(6)合作主体不同。新型农民合作主体是农民；而不是过去的合作主体多样性。

(7)新型农民合作是建立在农户家庭承包经营基础上的合作经济组织，因此，它不侵犯农民的私有财产权、自主经营权和土地承包权；而不是过去的合作社剥夺农民私有财产和自主经营权等。

第三节　农民专业合作社的服务对象、内容及原则

一、农民专业合作社的服务对象和服务内容

按照《中华人民共和国农民专业合作社法》（以下称《农民专业合作社法》）第二条的规定，农民专业合作社以其成员为主要服务对象，提供农业生产资料的购买，农产品的销售、加工、运输、贮藏以及与农业生产经营有关的技术、信息等服务。

农民专业合作社是由同类农产品的生产者或者同一项农业

生产服务的提供者组织起来的，经营服务的内容具有专业性，其成员主要由享有农村土地承包经营权的农民组成。这些自愿组织起来的农民具有相同的经济利益，在家庭承包经营的基础上，共同利用合作社提供的生产、技术、信息、生产资料供应、产品加工、储运和销售等项服务。合作社通过为其成员提供产前、产中、产后的服务，使成员联合进入市场，形成聚合的规模经营，以节省交易费用、增强市场竞争力、提高经济效益、增加成员收入。因此，农民专业合作社的主要目的在于为其成员提供服务，这一目的体现了合作社的所有者与利用者的统一。同时，《农民专业合作社法》也不排除合作社将非成员作为其服务对象，但是，合作社同其成员的交易应当与利用其提供的服务的非成员的交易分别核算。

二、农民专业合作社要遵循的原则

农民专业合作社的基本原则体现了农民专业合作社的价值，是农民专业合作社成立时的主旨和基本准则，也是对农民专业合作社进行定性的标准，体现了农民专业合作社与其他市场经济主体的区别。只有依照这些基本原则组建和运行的合作经济组织才是《农民专业合作社法》调整范围内的农民专业合作社，才能享受《农民专业合作社法》规定的各项扶持政策，这些基本原则贯穿于《农民专业合作社法》的各项规定之中。

按照《农民专业合作社法》第三条的规定，农民专业合作社应当遵循的基本原则有以下5项。

（1）成员以农民为主体。坚持农民专业合作社为农民成员服务的宗旨，发挥合作社在解决"三农"问题方面的作用，使农民真正成为合作社的主人，《农民专业合作社法》规定，农民专业合作社的成员中，农民至少应当占成员总数的80%，并对合作社中企业、事业单位、社会团体成员的数量进行限制。

（2）以服务成员为宗旨，谋求全体成员的共同利益。农民专业合作社是以成员自我服务为目的而成立的。参加农民专业合作社的成员，都是从事同类农产品生产、经营或提供同类服务的农业生产经营者，目的是通过合作互助提高规模效益，完成单个农民办不了、办不好、办了不合算的事。这种互助性特点，决定了它以成员为主要服务对象，决定了"对成员服务不以营利为目的、谋求全体成员共同利益"的经营原则。

(3)入社自愿、退社自由。农民专业合作社是互助性经济组织，凡是有民事行为能力的公民，能够利用农民专业合作社提供的服务，承认并遵守农民专业合作社章程，履行章程规定的入社手续的，都可以成为农民专业合作社的成员。农民可以自愿加入一个或者多个农民专业合作社，入社不改变家庭承包经营；农民也可以自由退出农民专业合作社，退出的，农民专业合作社应当按照章程规定的方式和期限，退还记载在该成员账户内的出资额和公积金份额，并将成员资格终止前的可分配盈余，依法返还给成员。

(4)成员地位平等，实行民主管理。《农民专业合作社法》从农民专业合作社的组织机构和保证农民成员对本社的民主管理两个方面作了规范：农民专业合作社成员大会是本社的权力机构，农民专业合作社必须设理事长，也可以根据自身需要设成员代表大会(成员在150人以上)、理事会、执行监事或者监事会；成员可以通过民主程序直接控制本社的生产经营活动。

(5)盈余主要按照成员与农民专业合作社的交易量(额)比例返还。盈余分配方式的不同是农民专业合作社与其他经济组织的重要区别。为了体现盈余主要按照成员与农民专业合作社的交易量(额)比例返还的基本原则，保护一般成员和出资较多成员两个方面的积极性，可分配盈余中按成员与本社的交易量(额)比例返还的总额不得低于可分配盈余的60%，其余部分可以依法以分红的方式按成员在合作社财产中相应的比例分配给成员。

第四节 农民专业合作社的作用

一、为什么要发展农民专业合作社

我国市场经济体制确立后，家庭联产承包经营的农民成为市场主体，如何解决一家一户的农民进入市场问题，是现在农村经济发展亟待解决的重大课题。由于受我国传统合作化失败的影响，现在很多人把家庭承包经营与农民合作化对立起来。有的认为稳定家庭承包经营，就不能谈农民合作，农村推行合作化就会动摇家庭承包经营；有的认为农村家庭承包经营已经不适应农业现代化发展要求，要求用合作化代替家庭承包经营。这两种对立观点，都不符合我国农村经济发展的实际情况。动摇家庭承包经营，就会违背农民的意愿，破坏农民的生产积极性，家庭承包经营是中国农民的历史选择，是被实践证明了的，是党在农村政策的基石，长期坚持家庭承包经营是调动亿万农民生产积极性的最有效和最根本的办法。农民不走合作化，一家一户的农民就不能适应市场经济发展的要求，小生产和大市场的矛盾就无法解决；农民不走合作化，农业专业化生产就很难提高，农民就很难增收，农业现代化就不会实现。发展农民专业合作社有如下好处。

（1）是市场主体的一种补充形式，农民可以有效组织起来建企业，按产业化发展模式发展自身。

（2）有利于农业生产的规模化发展。

（3）有利于提高农业标准化生产水平，产品直接参与国际竞争。

（4）有利于提升产业化水平，减少成本，减少中间环节。

（5）有利于品牌化经营，拓展销路。

（6）有利于提高农民素质。

（7）有利于政府对农业的投资方式，把补贴直接兑现到农户，以后不再对产业化当中的企业进行补贴。财政部每年拿出2个亿对农民专业合作社进行补贴，省、市、县还要拿出配套资金用于合作社的扶持。还规定中央和地方应当分别安排资金，支持合作社开展信息、培训、农产品质量标准与认证、农业生产基础设施建设、市场营销和技术推广等服务。

二、建立农民专业合作社是当前农村经营体制转变的迫切需要

(1)以家庭承包经营为基础，统分结合的农村经营体制是我国农村的基本生产关系。家庭承包经营这一生产组织形式符合中国农业自身特点，能够调动起广大农民的生产积极性，应长期坚持不能动摇，但家庭承包经营在社会主义市场经济体制下存在如下问题。

一是一家一户分散经营的小生产和千变万化的社会大市场的矛盾；

二是一家一户农民作为市场主体同高度组织化的企业主体不平等，农民在交易中处于被动地位；

三是一家一户分散经营使生产的农产品专业化水平低，农产品在市场竞争中处于劣势；

四是一家一户分散经营很难使科技和良种结合起来；

五是一家一户分散经营的农民无力加工农产品、分享农产品增加值收入等。

村乡集体经济组织是双层经营体制的"统"的层次，主要是解决分散经营农户解决不了的问题。但由于长期以来村集体经济组织仍然存在人民公社体制的弊端，大量事实表明，现在的村集体经济组织更多的是起到行政职能作用，没有独立的经济法人地位，无力为农户家庭经营发展服务。

(2)农业产业化(公司+农户)形式是带动农业发展的重要组织形式，但实践证明这一模式还存在诸多问题。

一是公司和农户同是市场主体，公司和农户的市场主体地位是不平等的。

二是公司的性质是追求市场利润最大化，农户市场是公司追求利润的重要组成部分，农户很难分享到社会化的平均利润。

三是公司＋农户形式组织农民成本高（连接千家万户公司将付出较大成本），市场竞争由于成本过高而处于劣势，直至被淘汰。

四是公司＋农户缺少利益关联度，合同很难执行，农产品涨价农民惜售，农产品降价，公司不收或因收购成本高而失去竞争能力；大多数公司目前很少与农民签订合同，农民还是自主种植，缺乏计划性，农户承担的风险较大。

五是公司确定农户农产品价格一般是与农民传统农产品价格比较，以"不低于"来确定合同价格，只解决了农户卖难问题，没有解决农民增收问题。

另外，国家产业化龙头企业是依靠政策扶持的，而不是依靠市场形成的，政策一定时期扶持结束之后，就是企业困难之时，农民增收和农业发展问题仍难以解决。

上述农村经济体制和经营体制存在的问题，是关心农村经济发展的各级党委和政府急需解决的问题。那么，如何解决农村经济发展中出现的矛盾呢？深化改革，把农民改革的积极性调动起来，让农民这一弱势群体走向联合与合作，培育新的市场主体，使农民成为企业的利益主体和风险主体，依靠农民自己的力量建立多种相互促进，又能统一的社会化合作服务体系，做到农民之间联合互助，依靠集体的力量带动家庭经济的发展。

第五节　中国农村合作社产生和发展

合作社最早产生于欧洲工业革命时期的英国。18 世纪末19 世纪初的英国，工业革命蓬勃兴起，机器生产代替了手工生产，生产力达到了大幅度的提高，工业生产迅速发展。随着资本主义生产方式的改变，资本家对广大劳动群众的剥削和压迫日益加重，弱势群体大量产生，贫苦的劳动群众还要受到私营商人的盘剥，他们随意抬高物价，销售假冒伪劣产品。在这种情况下，手工业者为了同大机器生产竞争，农民为了对付商人的贱买贵卖，雇佣工人为减少资本家的剥削，保证自己的生活，不得不用组织合作社的办法建立自己的经济组织，以捍卫自己的利益。合作社就是在欧洲大工业机器的轰鸣声中应运而生的。最早有记录的是英格兰的沃尔维奇和查特姆造船厂工人于1760年创办的合作磨坊和合作面包坊。19世纪20年代，英国掀起轰轰烈烈的工人运动，各种合作思想流派随之出现并相继形成，合作社运动也蓬勃兴起。

1980年11月，全国第一个农村技术协会——温江养蜂协会诞生。从此，农民专业合作经济组织在全国各地不断得以发展。从第一个农村专业技术协会诞生到目前，农民专业合作经济组织经历了四个发展阶段。

第一阶段（20世纪80年代初至90年代初），农民专业合作经济组织萌芽阶段。这一时期，农民主要苦于缺乏良种和农业科技，农产品增产不明显，农民急需农业实用技术。顺应生产的需要，一些能人或大户开始牵头组建专门为农民提供农业技术的组织。在当时"农民专业合作经济组织"的称谓还没有出现，这些带有合作性质的农村经济组织一般称作"农村专业技术协会"或"研究会"。

第二阶段（20世纪90年代初至90年代后期），农民专业合作经济组织的起步阶段。这一时期，中国农业进入了一个新阶段，最突出的表现就是，农产品产量得到了很大的提高，尤其是大宗农产品结束了长期以来供给紧张的问题，实现了供需平衡、丰年有余，一些地方相应出现了农产品销售难的问题。与此同时，生产资料购买成本居高不下，双重作用下，导致农民增收困难。

第三阶段（21世纪初至2007年6月底），为农民专业合作经济组织进一步发展的阶段。这一时期，我国农业最突出的表现是，随着我国加入世界贸易组织，中国的农民不但要面对国内市场，而且要应对国际大市场。尤其是随着人们收入水平的提高，消费者更加注重农产品质量安全，而分散经营的农户生产难以做到标准化，进而保证质量安全。

第四阶段(2007年7月1日以后)，深化发展阶段。其主要特征是2006年12月31日出台了《农民专业合作社法》，并从2007年的7月1日开始施行。从那时起，法律赋予了农民专业合作经济组织中的农民专业合作社的市场主体地位。与此同时，《农民专业合作社登记管理条例》以及《农民专业合作社示范章程》等国家法规、规章也先后开始施行，使农民专业合作经济组织在有法可依的条件下得以不断完善和发展。

第二章　农民专业合作社的管理

第一节　农民专业合作社的会员管理

如前所述，会员管理主要包括了会员入社管理、退社管理及会员权利义务的界定。

一、会员（社员）管理制度

社员管理制度主要依照合作社法，明确社员的入社、权利、义务、退社等方面的内容。

【范例】

××市农民专业合作社成员管理制度

1. 符合下列条件，经理事会审查批准，即可成为本社成员。

(1)承认本社章程；

(2)饲养种猪 5 头及其以上，商品猪 10 头及其以上；

(3)缴纳股金 10 元以上；

(4)写出书面申请。

2. 成员均享受本社章程规定的权利。

(1)参加成员大会，并有表决权、选举权和被选举权；

(2)优先参加本社组织的各项活动，优先享受本社提供的各种服务，优先利用本社设施；

(3)享受本社的股金分红和按生猪交售数量进行的利润返还；

（4）有权对本社的生产经营、财务管理、收益分配等提出建议、批评和质询，并进行监督；

（5）建议召开成员大会或成员代表大会；

（6）本社规定的其他权利。

3. 成员必须履行本社章程规定的义务。

（1）执行成员大会或成员代表大会、理事会的决议；

（2）按照章程规定交纳入社股金和会费，按照入股金额承担责任；

（3）按照章程规定与本社进行交易；

（4）积极参加本社活动，维护本社利益，保护本社共有财产，爱护本社设施；

（5）按本社的技术指导和要求组织生产经营，按时保质保量履行合同协议；

（6）发扬互助合作精神，群策群力，共同搞好本社生产经营活动；

（7）本社规定的其他义务。

4. 养猪户入社可随时提出申请，理事会每季度讨论一次，对符合入社条件者吸收为成员，并发给《成员证》，讨论通过之日为入社时间。

5. 成员退社须在履行当年义务后，于年终决算前3个月，以书面形式向理事长或理事会提出，经理事会批准，方可办理退会手续，并收回《成员证》。

成员退社时，其入社股金于年终决算后2个月内退还。如本社亏损，则扣除其应承担的亏损份额；如本社盈利，则分给其应得红利，不退会费。

6. 成员不履行义务或不执行章程规定的其他款项，或因成员个人行为损害合作社形象及经济利益的，除承担相应经济责任外，根据情节轻重在成员大会上通报批评。成员有下列情形之一者，经成员大会或成员代表大会决议，取消其成员资格。

（1）不遵守本社章程及决议，不履行成员义务；

（2）从事与本社相竞争或与本社利益相矛盾的活动；

（3）不按本社的技术指导和规定进行生产经营，给本社信誉、利益带来严重危害；

（4）其他有损本社利益的行为。

二、实践中存在的问题

尽管很多地方政府都出台了会员管理制度范本，但仍然存在很多管理不规范的地方。如有的合作社缺乏或不执行基本的加入和退出手续，仅靠一本花名册作为成员的入社凭证和身份证明；有的合作社对会员的权利、义务制定得模糊不清，或者利益联结非常松散，以至不能将社员有效地组织起来加以管理。

第二节　农民专业合作社的资产管理

资产管理是财务管理的一部分，合作社有必要对本社所拥有的资产进行严密的管理和控制。资产管理主要包括两方面内容：内部牵制制度管理和责任管理。

一、内部牵制制度管理

内部牵制制度管理主要体现在资产的购置、验收、保管、使用、处置等环节上，实行"五分开"。即：购置计划与审批、审批与采购、采购与验收保管、保管与使用审批、处置与审批相互分开、相互牵制、相互监督。

2007年12月财政部发布了《农民专业合作社财务会计制度（试行）》（财会[2007] 15号，以下简称《制度》），自2008年1月1日起在全国农民专业合作社范围内实施，对合作社财务内部牵制制度做了明确规定。

第一，为了加强合作社的内部财务管理，保证财产物资的安全可靠，保证会计资料的准确性和可靠性，保证合作社资金的使用效益，财务管理必须实行内部牵制制度。

第二，任何一项经济业务的办理，必须由两个或两个以上的相关部门或人员分工办理。经办人员之间相互牵制、相互制约、相互监督。确保经济业务的真实性和办理经济业务的规范化。

第三，财会工作遵循职务分离和账、钱、物分开的原则。办理经济业务事项的经办人员、证明人员、验收人员、审核人员、记账人员等相关人员的职权明确，并相互制约，相互监督。资产管理员、财产物资采购员、保管员三个岗位，分别由三人负责。出纳会计不兼管保管和经费收入、经费使用、债权债务账目的登记工作、稽核工作、会计档案管理工作。审批支付款项的人员不能同时担任出纳。审批出入库手续的人员不能同时担任采购员、仓库保管员。资产核算与资产保管岗位分离。收支审批人员自身直接经办的业务应当由指定的合作社其他领导人审批。

第四，合作社收入的范围、标准等应根据有关规定执行，各项财务支出和预付、暂付款都要经有关人员审批后由财务人员办理。各项收入必须开具规范票据。总账会计要经常检查发生的收入是否已及时入账。

第五，总账、财产物资明细账、固定资产明细账、现金及银行日记账、银行对账单、收入、支出、往来等明细账定期核对，做到账账相符。若有不符，须查明原因。

第六，财务印鉴必须分别由两人以上分开掌管，加盖印鉴时要履行审核、监督职责。

第七，会计人员必须在规定的岗位职责范围内办理会计事项，不得越权，不得失职。账务处理必须按规定办理。

第八，出纳岗位的工作，必须要严格按岗位职责的规定办理，会计负责人必须严格监督，发现问题严肃处理。

第九，实现会计电算化后，不同岗位的操作人员应设置不同的操作口令、密码，保证财会人员之间相互制约、相互监督、相互牵制。

第十，各类财产物资的购买实行验收入库制度。合作社要经常组织财产物资的使用、保管情况的检查，对库存物资要经常清查盘点。

二、责任管理

责任管理，即对资产的购置、验收、保管、登记、清查等都要确定专人负责。

第一，建立资产台账登记责任制度，确定专门人员对资产的购置、验收和保管、使用进行登记，建立台账，落实责任。凡造成资产损失或者浪费，又不能补救的，其直接和间接损失由责任人赔偿。

第二，财务部门要根据本社实际，分门别类确定易耗品使用期限和周期以及固定资产的折旧年限和比例，以实事求是的原则确定资产折旧。

第三，财务部门要定期对实物资产进行账账、账卡、账实清查，向理事会呈报实物资产清查报告，提出实物资产管理问题解决方案。

第四，还要加强对合作社商标、土地使用权、非专利技术、商誉等无形资产的管理，以防止无形资产流失。

第三节　农民专业合作社的财务管理

一、成本核算

专业合作社遵循自愿、互利、民主、平等的合作制原则，实行独立核算，自主经营，自负盈亏，自我服务，自我发展，自我约束的财务管理体制。各类专业合作社应依据通行财务制度，结合自身的特点，制定本社的财务制度。定期向行政主管部门报送财务和会计报表，定期向社员公布财务状况。

著名管理大师德鲁克说过，"在企业内部，只有成本。"美国克莱斯勒汽车公司前总裁李·艾柯卡也认为，多挣钱的方法只有两个：不是多卖，就是降低管理费。加强成本控制与管理，树立全方位的成本意识，提高竞争力是当前农民专业合作社最紧迫、最核心的问题之一。办好合作社不仅要帮助农民广开财路多卖产品，还要控制各个流程，不断降低成本。

《农民专业合作社财务会计制度》规定，合作社直接组织生产或提供劳务服务所发生的各项生产费用和劳务服务成本，要按成本核算对象和成本项目分别归集，进行成本核算。这里的成本是指农民专业合作社为生产产品或提供劳务服务而发生的各种消耗，主要包括材料、燃料、动力、人工、折旧等各项耗费。其核算对象主要是农产品和劳务服务，成本项目是指生产农产品和提供劳务发生的各种耗费，既包括生产农产品和提供劳务而发生的直接费用，也包括为生产产品和提供劳务服务而发生的间接费用。

成本核算的过程非常复杂，为正确进行成本核算，满足成本管理的需要，农民专业合作社必须要划分出收益性支出与资本性支出的费用界限、产品生产成本与期间费用的界限、本期产品与下期产品之间的费用界限、各种产品之间的费用界限、本期完工产品与期末在产品之间的界限。这五个方面费用界限的划分，都应遵循受益原则，即谁受益谁负担，负担费用的多少与受益的大小相配比，这种费用划分过程，也就是成本计算过程。

开源还要会节流。在重庆市江津区，已建起专业合作社和综合服务社 213 个，有 16 万农民从专业合作社得到了成本控制的"好处"。其中，李市镇牌坊村柑橘专业合作社理事长算过一笔账：合作社统一购进肥料 50 吨、农药 500 千克、种苗 1 万株，比农户单独到市场上购买少支出 1 万余元。据统计，该区入社农户生产成本平均降低 10% 左右，户均年增收 750 元，合作社成为广大农民增收的"助推器"。

然而，在合作社成本管理中存在不少错误的管理方式：①平时不控制，秋后算总账；②捡了芝麻，丢了西瓜，因小失大；③只顾埋头拉车，不顾抬头看路，或顾首不顾尾；④各自为政，只算小账，导致系统成本上升；⑤克扣社员，导致情绪管理成本增加等。为此，合作社降低成本应该从降低农产品采购及劳务成本抓起，并对物料成本、设计与加工成本和品质成本实行严格控制。

成本是体现企业生产经营管理水平高低的一个综合指标。因此，成本管理不能仅局限于生产耗费活动，应扩展到产品设计、工艺安排、设备利用、原材料采购、人力分配等产品生产、技术、销售、储备和经营等各个领域。参与成本管理的人员也不能仅仅是专职财务管理人员，还应包括各部门的生产和经营管理人员，并要发动广大职工群众，调动全体员工的积极性，实行全面成本管理，只有这样，才能最大限度地挖掘企业降低成本的潜力，提高企业整体的成本管理水平。

湖南省嘉禾县普满逸香烟农专业合作社的做法就很不错。他们在县烟草专卖局（分公司）的帮助下，聘请专业人士开办"成本管理课"，为合作社"三会"（社员大会、理事会、监事会）、"六队"（育苗、机耕、植保、分级、烤制、运输等六支专业化服务队）和烟农授课。同时，又请擅长成本管理的烟站工作人员和烟农等担任讲师，灵活采取为烟农发放"成本管理明白纸"，组织田间授课，评"成本管理能手"等形式，帮助烟农学会将土地、劳动力、技术等分散的生产要素以最合理的方式组合在一起，最大限度地发挥各类资源的作用，以获得最大的经营收益。

二、资金来源

一是社员股金。社员股金是为了取得专业合作社社员身份而缴纳的股金，实行利益共享，风险共担，社员股金按实现的利润进行分红。

二是提留的风险金和企业发展基金。按现行财务制度的规定提取的一般盈余公积金作为风险金，以及按社员（代表）大会的决议提取一定比例的发展基金。

三是公益金。按现行财务制度提取。

四是盈余积累。按现行财务制度规定提取任意盈余公积金。

五是银行贷款。专业合作社可以根据业务需要按照银行贷款的要求向各类商行申请贷款。

六是供销合作社投入的资金。

七是其他来源。包括政府有关部门的扶持资金、金融资本、风险资本等。

三、盈余分配

合作社经营所产生的剩余，《农民专业合作社法》称之为盈余。举个简单的例子，假设一家农产品销售合作社，将成员的农产品（假设共 30 000 千克）按 11 元/千克卖给市场，为了弥补在销售农产品过程中所发生的运输、人工等费用，合作社会首先按 10 元/千克付钱给农民，同时按每千克 1 元留在合作社，共 30 000 元钱。如果年终经过核算，所有费用合计为 20 000 元，这样合作社就产生了 10 000 元剩余（30 000－20 000＝10 000）。这 10 000 元剩余，实际上就是成员的农产品出售所得扣除共同销售费用后的剩余，即合作社的盈余。

可分配盈余是在弥补亏损、提取公积金后，可供当年分配的那部分盈余。如上面的例子，虽然当年的盈余为 10 000 元，但如果合作社上一年有 2 000 元的亏损，在分配前就应当先扣除 2 000 元以弥补亏损。如果按照章程或者成员大会规定需要提取 2 000 元作为公积金，那么当年的可分配盈余就只有 6 000元（10 000－2 000－2 000＝6 000）。

可分配盈余的分配，主要应根据交易量（额）的比例进行返还。根据《农民专业合作社法》第三十七条的规定，按交易量（额）比例返还的盈余不得低于可分配盈余的60%。农民专业合作社是从事同类农业生产的农民组建的互助性经济组织。成员利用合作社的服务是合作社生存和发展的基础。比如农产品销售合作社，如果成员都不通过合作社销售农产品，合作社就收购不到农产品，也就无法运转。对于农业生产资料合作社来讲，如果成员不通过合作社购买生产资料，合作社也就失去了存在的必要。因此，成员享受合作社服务的量（即与合作社的交易量）就是衡量成员对合作社贡献的最重要依据。成员与合作社的交易量也就是产生合作社盈余的最重要来源（当然，成员出资也扮演了重要角色）。因此，《农民专业合作社法》规定，按交易量（额）比例返还的盈余不得低于可分配盈余的60%。接前面的例子，社员与合作社的交易量是30 000千克，假设合作社章程规定，将可分配盈余的50%按照社员与合作社的交易量比例返还，那么，可分配盈余的分配总额就是3 000元（6 000 − 6 000×50% ＝ 3 000），每千克交易量返还盈余0.1元（3 000 ÷ 30 000 ＝ 0.1）。

　　按交易量（额）的比例返还是盈余返还的主要方式，但不是唯一途径。根据《农民专业合作社法》第三十七条第二款的规定，合作社可以根据自身情况，按照成员账户中记载的出资额和公积金份额，以及本社接受国家财政直接补助和他人捐赠形成的财产平均量化到成员的份额，按比例分配部分利润。这是因为，在现实中，一个合作社中成员出资不同的情况大量存在。在我国农村资金比较缺乏，合作社资金实力较弱的情况下，必须足够重视成员出资额在合作社运作和获得盈余中的作用。适当按照出资进行盈余分配，可以使出资多的成员获得较多的盈余，从而实现鼓励成员出资、壮大合作社资金实力的目的。此外，成员账户中记载的公积金份额、本社接受国家财政直接补助和他人捐赠形成的财产平均量化到成员的份额，也都应当作为盈余分配时考虑的依据，这是因为，补助和捐赠的财产是以合作社为对象的,而由此财产产生的盈余则应当归全体成员平均所有。接前面的例子,假设章程规定,可分配盈余按照交易量比例返还 50% 之后的部分,按照成员账户中记载的出资额和公积金份额,以及本社接受国家财政直接补助和他人捐赠形成的财产平均量化到成员的份额(假设 100 000 元),按 50% 比例分配盈余。那么,量化到社员的(社员账户中记载)每一份额能分配到盈余 0.015 元(3 000 × 50% ÷ 100 000 = 0.015)。

因此,农民专业合作社的盈余分配,应根据相关法律规定,结合本社实际情况,由理事会提出具体分配方案,由社员(代表)大会讨论决定。

四、内部控制

专业合作社具有人员少、经营环节多、手续制度多的经营特点,所以必须建立完善的内部控制制度。

(一)建立人员控制

农民专业合作社的日常工作人员宜少而精,人员的数量、素质应由理事会确定。厂长(经理)、技术负责人、财务负责人、资产保管员、出纳员的任用、解聘应提交理事会确定,特别是财务人员应统一聘用,经过专业培训,持证上岗,确定其在合作社行政管理责任及地位,并定期考核、评审以上人员,确定奖惩及是否续聘。

(二)强化货币资金内部控制制度

合作社必须根据有关法律法规,结合实际情况,建立健全货币资金内部控制制度。

第一,合作社应当建立货币资金业务的岗位责任制,明确相关岗位的职责权限,明确审批人和经办人对货币资金业务的权限、程序、责任和相关控制措施。

第二,合作社收取现金时手续要完备,使用统一规定的收款凭证。合作社取得的所有现金均应及时入账，不准以白条抵库，不准挪用，不准公款私存。

第三，合作社要及时、准确地核算现金收入、支出和结存，做到账款相符。要组织专人定期或不定期清点核对现金。

第四，合作社要定期与银行、信用社或其他金融机构核对账目。支票和财务印鉴不得由同一人保管。

（三）建立健全销售业务内部控制制度

第一，合作社应当按照规定的程序办理销售和发货业务。应当在销售与发货各环节设置相关的记录，填制相应的凭证，并加强有关单据和凭证的相互核对工作。

第二，合作社应当按照有关规定及时办理销售收款业务，应将销售收入及时入账，不得账外设账。

第三，合作社应当加强销售合同、发货凭证、销售发票等文件和凭证的管理。

（四）建立健全存货内部控制制度，建立保管人员岗位责任制

第一，存货入库时，保管员清点验收入库，填写入库单。

第二，存货出库时，由保管员填写出库单，主管负责人批准，领用人签名盖章，保管员根据批准后的出库单出库。

（五）建立健全固定资产内部控制制度，建立人员岗位责任制

第一，应当定期对固定资产盘点清查，做到账实相符，年度终了前必须进行一次全面的盘点清查。

第二，盘亏及毁损的固定资产，应查明原因，按规定程序批准后，按其原价扣除累计折旧、变价收入、过失人及保险公司赔款之后，计入其他支出。

（六）建立健全借款业务内部控制

制度明确审批人和经办人的权限、程序、责任和相关控制措施。不得由同一人办理借款业务的全过程。

第一，合作社应当对借款业务按章程规定进行决策和审批，并保留完整的书面记录。

第二，合作社应当在借款各环节设置相关的记录，填制相应的凭证，并加强有关单据和凭证的相互核对工作。

第三，合作社应当加强对借款合同等文件和凭证的管理。

第四，合作社应当定期或不定期对借款业务内部控制进行监督检查，对发现的薄弱环节，应当及时采取措施，加以纠正和完善。

（七）建立生产经营成本、费用等开支的审批制度

合作社的日常开支，要区分不同性质、不同额度分别审批。

例如，目前一部分农民专业合作社费用支出由理事长负责审批，一般经费开支在 500 元以内，由理事长直接审批；500 元以上，经理事会集体审核后，由理事长审批；重大项目建设及投资，由社员（代表）大会讨论通过后，由理事长执行审批手续。办理各项支出，要取得合法的原始凭证，凭证必须有经手人、审批人签字方可入账。

合作社的生产成本是指合作社直接组织生产或对非成员提供劳务等活动所发生的各项生产费用和劳务成本。

合作社的经营支出是指合作社为成员提供农业生产资料的购买、农产品的销售、加工、运输、贮藏以及与农业生产经营有关的技术、信息等服务发生的实际支出，以及因销售合作社自己生产的产品，对非成员提供劳务等活动发生的实际成本。

管理费用是指合作社管理活动发生的各项支出，包括管理人员的工资、办公费、差旅费、管理用固定资产的折旧、业务招待费、无形资产摊销等。

其他支出是指合作社除经营支出、管理费用以外的支出。

（八）建立投资、重大管理制度改革的可行性论证制度

合作社必须慎重行事，理事会应聘请有关专家进行认真的研究论证并经社员（代表）大会讨论确定。

（九）建立财务审计制度，加强审计监督

为了取得广大社员的信任，财务管理必须高度民主化、透明化，要充分发挥监事会作用，有条件的可以引进事务所审计等第三方监督力量。

（十）加强制度的执行力度

建立完善财务管理制度后，应加强制度的执行力度。规定管理部门专人负责制度的更新与完善，定期了解各项制度的执行情况，搜集反馈意见，确保制度符合实际发展需要。

第四节　农民专业合作社的业务管理

农民专业合作社的业务管理包括对生产、采购、销售、技术等生产经营各个环节的管理。良好的业务管理能使合作社的经营顺利有序进行。

【范例】

××市农民专业合作社规范生产经营管理制度

1. 签订生产指导性计划协议　本社根据市场需求和产品生产实际情况，统一制订年度生产计划和各个阶段生产计划，并与社员签订生产指导性计划协议。

2. 统一农资供应　本社根据生产需要和技术要求，统一组织为成员采购、供应生产资料。实行规模采购，降低成员生产成本。合作社统一采购供应的农资须保证质量，适合本社各项生产和质量安全技术标准。否则，造成的损失由负责采购的当事人赔偿。

3. 统一技术标准　合作社按照相关质量安全要求，统一制定生产技术规程，按产品质量标准组织生产，建立和完善产品质量安全追溯、检测监督等制度。

4. 统一指导服务　合作社实行管理人员对生产区域、产品品种服务管理责任制，统一对成员进行生产前、生产中、生产后的指导服务和管理。合作社对管理人员的报酬或补助按任务完成情况进行考核发放。因指导服务和管理不到位造成损失的，由业务管理制度规定的相关负责人(如产前产品品种指导人员，产中技术指导人员，产后收割、贮藏等指导人员)负责赔偿。

5.统一申报产品认证和产地认定　合作社统一申报无公害、绿色、有机农产品认证和无公害基地认定及地方名牌、著名商标等，提升产品品牌和档次。

6.统一销售　合作社要严格按照合同规定的产品收购质量、价格、数量等要求收购成员产品，做到公平公正。成员也要维护本社形象和利益，履约守信，按时、保质、保量交售产品，确保产品能及时包装、销售。

（资料来源：中国农经信息网，2011－08－18）

合作社要确保信息畅通，按市场行情，随时公布交售产品的品种、质量、价格以及交售办法和要求，使成员及时组织采收、整理、分级、包装，使产品适时进入市场。合作社要确定专人，定期对收购、贮存、调运的产品以及待交售的产品，分成员、分生产基地、分产品种类、分质量规格、分客户、分市场建立台账，做好统计分析，以指导、调度好产品贮存和销售。

第五节　农民专业合作社的收益分配

一、农民专业合作社收益分配的原则

我国《农民专业合作社法》规定了可分配盈余按成员与本社的交易量（额）比例返还、返还总额不得低于可分配盈余的60%的分配原则。这一分配原则是由农民专业合作社的特殊性决定的：①农民专业合作社不是单纯的资本的联合，而主要是农民的劳动联合。②农民专业合作社虽然属于经济组织，但并

非以营利为目的，而是以服务成员为宗旨，这是农民专业合作社成立、开展活动的出发点和归宿点。③参加农民专业合作社的成员，主要不是为了通过参加合作社来谋取利润，而是为了获得合作社提供的帮助和服务。

二、建立灵活的收益分配机制

目前在我国采用按交易额（量）返还并没有成为一种普遍的做法。主要原因在于：①我国的农民专业合作社成立时间相对较短，前期投入成本较多，没有太多的盈余可供返还，且资本对于大多数合作社来说是稀缺的，自然会有更大的权利。②按交易额返还需要一定的周期，社员更愿意进行直接的现金交易，交售农产品的同时就获得全部收益。他们更喜欢获得合作社给予的价格优惠或免费（优惠）运销服务、技术服务等。③农民对合作社的认识还不够充分，对是否加入合作社持观望态度。

因此，对合作社而言，按交易额返还盈余在未来可能会成为普遍的盈余分配做法，但在目前阶段，还应根据本社实际情况采取更为灵活的收益分配机制，如引进股份制，条件成熟时的二次分红等。

【范例】

伊川县伊赛养殖专业合作社盈余分配制度

1. 为了保护社员的合法权益，体现合作社的本质，依据《中华人民共和国农民专业合作社法》和农业部《农民专业合作社示范章程》，特制定本制度。

2. 参加盈余分配的人员为持有本社《社员证》的社员。

3. 合作社在进行年终盈余分配工作以前，要做好财产清查，准确核算全年的收入、成本、费用和盈余；清理财产和债权、债务。合作社的盈余按照下列顺序进行分配：

（1）提取盈余公积。盈余公积按不低于10%的比例提取。用于发展生产、可转增资本和弥补亏损。

（2）提取风险基金。按照章程或成员大会决议规定的比例提取。用于以丰补歉。

（3）向社员分配盈余。合作社的盈余经过上述分配后的余额，按照交易量（额）向社员返还，返还比例不低于60％；按照出资额、成员应享有公积金份额、国家财政扶持资金及接受捐赠份额向社员返还，返还比例不超过40％。入社不满一年的社员，根据社员实际出资额、入社时间，按比例、按时间段进行分配。

4. 农民专业合作社盈余分配方案要经社员大会或社员代表大会讨论通过后执行。

5. 按交易量（额）比例返还金额及平均量化到社员的资金份额记载到《社员证》中。

6. 本制度从2008年7月1日起执行。

第六节 农民专业合作社的决策和监督

一、合作社的决策

合作社的最高决策机构是全体成员大会或成员代表大会。成员大会行使下列职权：①修改章程；②选举和罢免理事长、理事、执行监事或者监事会成员；③决定重大财产处置、对外投资、对外担保和生产经营中的其他重大事项；④批准年度业务报告、盈余分配方案、亏损处理方案；⑤对合并、分立、解散、清算做出决议；⑥决定聘用经营管理人员和专业技术人员的数量、资格和任期；⑦听取理事长或者理事会关于成员变动情况的报告；⑧理事会是成员大会的执行机构，对于日常运营有决策权。

二、合作社的监督

执行监事或者监事会是由合作社成员选举产生的监督机

构。当其发现理事长、理事会或其他管理人员不履行职权，或者有违反法律、章程等行为，或者因决策失误，严重影响合作社生产经营等情形，应当履行监督职责，认为需要及时召开成员大会做出相关决定时，应当提议召开临时成员大会。

第七节　农民专业合作社的权益维护

2007年7月1日起施行的《农民专业合作社法》对农民专业合作社进行了规范，立足于对自愿参加农民专业合作社农民民主权利和财产权利的保护。

一、"民办、民有、民管、民受益"原则

法律根据"民办、民有、民管、民受益"原则，尊重和保护农民的民主办社的权利。

二、制度保护

在《农民专业合作社法》中，通过有限责任制度、成员账户制度、盈余分配制度、退社制度等，对成员的财产权利进行保护。加入合作社，其出资额和公积金份额仍然记载在其自己的账户中，并作为参与合作社盈余分配的重要依据，如果成员因自身的原因选择退出合作社，其享有的财产份额仍然可以退还。农民专业合作社是新型的市场主体，法律对农民专业合作社及其成员的财产权利给予了充分的保护。

第八节　农民专业合作社社员的教育与培训

一、学习、培训内容

主要学习、培训有关合作社的法律、法规、政策，合作社生产经营管理知识，合作社章程和管理制度，以及与合作社相

关的生产技术等。

二、学习、培训时间

可以安排集体学习和重点学习。培训对象包括全体社员、合作社理事会成员、监事会成员、管理人员、社员代表。重要、紧急的学习内容可随时安排集体学习。

三、学习、培训方式

学习可以采取集中学习与个人自学相结合，自我组织培训与接受其他组织培训相结合，专题学习、培训与以会代训相结合的方式进行。此外，也可以灵活运用网络学习、远程学习等现代化学习形式。

四、注重学习、培训效果

一是理事会应负责社员学习、培训的组织和领导，每年制订符合本社实际的学习、培训计划。

二是学习、培训要做到组织化、日常化，且注重培训效果。

第三章　农民专业合作社的利益相关者及组建者

农民专业合作社成员、领办人、客户和供应商、政府是农民专业合作社的主要利益相关者，他们是影响农民专业合作社成长的关键利益主体。

第一节　农民专业合作社的利益相关者

一、农民专业合作社的成员——社员和大股东

（一）提高其对农民专业合作社的认知和认同

农民专业合作社的成员特别是普通社员的素质直接决定了农民专业合作社未来的成长方向和成长速度。因此，加强农民专业合作社内部文化知识的普及和提高对农民专业合作社的成长将大有裨益。农民专业合作社还要针对合作社的生产经营，对社员开展生产技术、农资供应、营销信息等方面的服务与培训，普及农业生产经营的相关知识，加强对农民合作社知识的教育和宣传。宣传、培训有关农民专业合作社的思想、知识、原则、办法，推进农民专业合作社的发展，动员更多农民参加合作社，引导社会各界支持农民专业合作社的发展。

（二）弱化成员间股份的差异

《农民专业合作社法》规定："农民专业合作社成员大会选举和表决，实行一人一票制，成员各享有一票的基本表决权。出资额或者与本社交易量（额）较大的成员按照章程规定，可以享有附加表决权。本社的附加表决权总票数，不得超过本社成

员基本表决权总票数的 20%。享有附加表决权的成员及其享有的附加表决权数，应当在每次成员大会召开时告知出席会议的成员。章程可以限制附加表决权行使的范围。"①社员大会是决定农民专业合作社经营方针和各项重大经营事项的最高权力机构，社员无论所占股份多少，都享有一票的基本表决权。对于股金比例和交易额较大的成员，可赋予更多的投票权，但应按照农民专业合作社法的规定设置最高限额来弱化成员之间的股份差异。只有建立社员民主选举和决策机制，才能防止资本对于农民专业合作社的控制，避免背离大多数成员的意愿，保障社员的主体地位和经济利益。

（三）建立合理的利益分配机制

大部分农民专业合作社内部有核心成员和非核心成员之分，这些成员的利益需求各异，这就要求农民专业合作社在建立和制定利益分配机制时，充分考虑各种成员的利益需求。农民专业合作社应采取多种层次、多种环节、多种形式的利益分配方式，既考虑到核心成员或大股东的利益需求又兼顾到普通社员的入社初衷和现实需要。如既建立股份分红的盈余分配制度，又按照惠顾额返还盈余，让普通社员也得到实惠。同时，无偿提供信息、技术服务等，在生产资料采购和农产品销售中给予优惠。

二、农民专业合作社的领办人——负责人

（一）提高领办人（负责人）专业技能和经营管理水平

以现有农民专业合作社的领办人（负责人）和农村的能人大户等农村的骨干分子为重点，进行定期的培训，提高他们的组织能力和经营管理能力，使他们胜任或逐步成为农民专业合作经济组织的"带头人"。培训的主办人既可以是各级各地区各相

---

① 《中华人民共和国农民专业合作社法》第三章第十七条

关政府部门，也可以与农业院校联合办学，通过开办培训班的方式进行系统的企业经营和管理知识的培训，以提高农民专业合作社领办人（负责人）的经营能力和管理水平，或把农业技术人员请到农民专业合作社来指导农业生产、传授农技知识，提高全社人员的生产专业技能。这对于领办人（负责人）管理好农民专业合作社的事务，具备战略化、市场化的眼光，跟上市场经济的步伐，引领社员增产致富帮助巨大。

（二）为加速农民专业合作社成长创造条件

农民专业合作社的领办人（负责人）虽然通常是农业生产的一把好手，是农村的"能人"，但这并不代表他们就能把农民专业合作社管理好，能带领农民专业合作社快速成长。他们先天的科学知识匮乏、管理水平和能力不足是较难在短时间内通过培训得以提升的。因此，聘请职业的经理人来管理农民专业合作社就是一个较好的解决途径。用职业经理人来管理农民专业合作社既可以使合作社迅速与市场经济接轨，加速合作社成长，又可以解决个别农民专业合作社领办人（负责人）的"一言堂"和合作社内家族关系错综复杂带来的民主管理低效问题。当然，农民专业合作社毕竟不同于一般的工商企业，职业经理人可能不熟悉农业生产经营的特点，同时也可能陷入农村血缘、亲缘、地缘编织的关系网中，不被农民专业合作社成员所认可，因此，职业经理人在农民专业合作社内必须经历从适应到熟悉进而管理的过程。

三、农民专业合作社的客户和供应商

（一）提高农民专业合作社的竞争力

客户群是农民专业合作社成长的动力源泉，客户群价值的高低决定了农民专业合作社成长的竞争力。因此，在传统客户群的基础上，如何开发新的高价值的客户群是农民专业合作社的经营重点和难点。要做到这一点，就必须锁定客户的各层

次、各方面的需求，在提高农产品质量的基础上，提升自身的品牌价值和服务质量。农民专业合作社只有拥有了长期、稳定的高价值客户群，才能提高自身的竞争力和抗风险能力，加快成长的步伐。

(二)适应客户经济时代的需求

农民专业合作社是为解决农户分散的小生产和统一的大市场之间的矛盾而诞生的新型农村经济组织，传统计划经济的农产品购销模式仍影响着农民专业合作社管理者和普通社员的观念，从"以产品为中心"到"以客户为中心"的模式转移之路必然会比企业更为艰难。因此，先从认知上改变观念，再从行动中加强管理，真正把客户资源看作是农民专业合作社利润的源泉，想方设法提高客户管理能力，加强客户管理，适应客户经济时代的需求。

(三)提高农民专业合作社抵御风险的能力

由于农业生产的特点，农民专业合作社的生产经营受自然环境和市场波动的影响较大，因此适当地开展多样化经营是农民专业合作社扩大经营规模、提高农民专业合作社抵御风险能力的主要手段。多样化经营既包括经营品种的多样化也包括经营方式的多样化。农产品"卖难"问题一直是困扰农民的突出问题，农民专业合作社销售农产品的品种由单一型经营向多样化转变，可以激活市场、拓宽销路、解决农产品的卖难问题。同时，农民专业合作社还可以采取多种经营方式，如租赁、寄售、包销、期货交易等多种经营方式。只有这样才能更好地规避经营风险，使农民专业合作社得到长足的发展。

(四)赢得更优惠的农资供给和更优质的产前服务

目前，农民专业合作社供应商的主体众多，供应商之间的竞争格局已经形成。对农民专业合作社来说，如果能充分利用供应商的竞争局面，就可以从供应商那里得到更多的资源和更优质的服务。要想做到这一点，前提是大力挖掘信息来源的渠道和加快信息传递的速度。农民专业合作社只有得到及时、准确的信息才能正确地判断农业生产资料的市场变化和未来趋势，充分利用供应商的竞争，得到优惠的农资供应和优质的产前服务。

四、政府

从农民专业合作社的角度来说，应充分利用政府对农民专业合作社的各项扶持政策和措施，接受政府的管理和监督，提升农民专业合作社的成长性。从政府的角度来说，在认识到农民专业合作社对农村经济发展、农民增收、农业产业化经营的重要作用的基础上，"适当"定位、"适度"管理、"适时"服务、"适量"支持包含了政府有关农民专业合作社工作的全部内容。

（一）"适当"定位

在推动农民专业合作社产生、发展的过程中，政府必须对自身角色进行"适当"的定位，即要引导而不强迫，扶持而不干涉，为农民专业合作社提供一个宽松有序的制度环境，让市场机制充分发挥作用，从而使农民专业合作社真正优胜劣汰，健康成长。"适当"定位还体现在政府根据农民专业合作社成长的不同阶段，合理定位自己的行为。如在农民专业合作社成长的初创阶段，政府应通过各种宣传措施提高农民对农民专业合作社的认识，适当地引导农民根据自身生产经营的需要加入适当的合作社，有条件的地方政府还可以提供一定的财政补贴，帮助组建符合地区经济发展需要的农民专业合作社。而在农民专业合作社的成长阶段，政府通过切实落实相关的扶持政策，如减免税费、加大信贷投入，并通过教育、培训等方式引导农民专业合作社规范内部管理制度并进行监督。

（二）"适度"管理

目前，一些地方政府对农民专业合作社的行政管理较为混乱，政出多门，许多部门甚至干预到农民专业合作社的正常经营活动，使农民专业合作社的合法权益难以得到保证。还有一些政府对农民专业合作社的违规行为视而不见。因此，政府应对农民专业合作社进行"适度"管理。政府既应努力建立健全统一、规范、竞争、有序的市场体系，维护和保障市场的公平竞争，为农民专业合作社创造良好的市场环境，还应加强对农民专业合作社市场行为的监管，对其违反市场竞争和合作原则的行为及时给予纠正。同时还要对农民专业合作社的财务进行监管，通过审计，掌握农民专业合作社的经营、分配、债权债务情况，维护社员合法权益。最后在不干预农民专业合作社内部经营管理的前提下，适度地进行民主监督。

（三）"适时"服务

政府除对农民专业合作社进行引导和管理外，还应"适时"为农民专业合作社提供服务。服务的内容主要包括：农产品和农用生产资料市场信息的发布和传递、农业生产技术的推广以及农村人才的培养等。建立与农民专业合作社的信息联系，及时、迅速、全面地为农民专业合作社的经营提供必要的市场信息是政府的首要服务主题。而制定实施适合农民专业合作社发展的教育培训计划，开展农民专业合作社经营管理人员的培训工作，提高合作社管理人员的经营管理水平是政府服务工作的重点和难点。

（四）"适量"支持

政府对农民专业合作社的支持是必要的，也是合作社所期望的。本文在第五章列举了政府给予农民专业合作社的可能支持，包括政策支持、法律支持、资金支持、技术支持、税收支持、市场信息支持、人才支持等 7 个方面。"适量"支持是政府支持农民专业合作社发展的原则。如果支持得过多，就会使农民专业合作社产生过度依赖，从而缺乏成长的主动性；如果支持过少和不提供支持，又容易坐视农民专业合作社陷入困境，无力发展。因此，提供"适量"的支持是政府为农民专业合作社健康成长所做的最佳程度。

第二节　农民专业合作经济组织的组建者

农民专业合作组织在为集体成员带来合作收益的同时，也不可避免地产生组织成本，而且合作组织组建成本的支付必然在合作收益产生之前，组建者必须为此付出重大的成本并承担风险，后参加的合作成员不可避免地存在搭便车的动机。在合作收益产生之前，究竟谁可能组建专业合作经济组织？作为理性经济人的组建者，又要如何克服搭便车的动机？在农民专业合作经济组织的实践中，农民、龙头企业、供销部门、林业技术部门都是重要的组建者。

一、农业大户

在林区农民自发组建的专业合作组织中，组建者主要是大户还是小户？当合作成为必要时，为什么有些农户却呈现组建动力的不足？我们该如何增强林区农民自发组建的力量？本书从这些问题出发，对智猪博弈模型进行拓展，揭示农户组建动力不足的原因及启示。

（一）智猪博弈与农民组建专业合作经济组织的动力

1. 智猪博弈的理论模型

智猪博弈是非合作博弈论创始人、诺贝尔经济学奖得主纳什提出的经典博弈案例。在这个案例里，研究对象是密闭房间里一大一小两只可以作出理性选择的猪，在同一个食槽进食。猪圈的一头有一个装食槽，另一头安装一个按钮来控制猪食的供应。每按一次按钮有 10 个单位的猪食进槽，但是按按钮要付出 2 个单位的劳动，而且当它按完按钮跑到食槽时，守候在食槽边坐享其成的另一头猪已经吃了不少。考虑到大猪和小猪吃食能力不同，若大猪按按钮，小猪等待，大猪可以吃 6 个单位食物，扣除 2 个单位成本后净得 4 个单位食物，小猪可以吃 4 个单位食物；若小猪按按钮，大猪等待，大猪可以吃 9 个单位食物，小猪只能吃 1 个单位食物，扣除 2 个单位成本后净得 1 个单位食物；若两猪同时按按钮，大猪吃 7 个单位食物，小猪吃 3 个单位食物，各扣除 2 个单位成本后，大小猪分别净得 5 个单位和 1 个单位食物。若双方都不按按钮，得益均为 0（图 2-1）。

　　既然是两只可以作出理性选择的猪，所以"等待"是小猪的占优选择，而大猪为了能吃上一口饱饭不得不一次次主动出击。只要小猪的生存不受威胁，并且大猪的食物份额没有受到小猪的严重威胁，纳什均衡就是：大猪按按钮，小猪等待。准备合作的大农户和小农户之间的博弈类似于大猪和小猪之间的博弈，因此似乎可以得出这样的推论：为了获取合作收益，大农户不得不主动组建专业合作经济组织，那么培育扶持经营大户就可以产生合作组织的组建者，但这一推论在现实中并不一定成立。

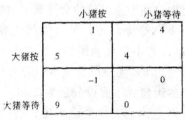

图 2-1　智猪博弈模型

　　2. 农业大、小户之间的博弈与大户的组建动力来源

　　与智猪博弈不同的是，智猪博弈所假设的环境是封闭的，除了食槽里的食物，没有其他的食物来源渠道，几乎不存在机会成本，为了生存，理性的猪就不得不一次次奔波于食槽和按钮之间。而农业的人力和物力都有多种用途，也确有其他的收益渠道，所以必然存在机会成本。农户不仅要从会计成本的角

度进行博弈，还要从机会成本的角度在组建和不组建之间进行博弈。本书对会计成本视角下农业大户和小户之间的博弈模型及大户的组建动力分析如下：

首先我们给出如下假设：（1）假定农业大户和小户都是理性的经济人，他们的目标都是追求利益最大化。（2）假定农业大户在组建专业合作经济组织的过程中不受其他变量的影响。（3）假定合作组织建立后能够带来合作收益且可以被衡量，合作总收益为15。由于经营户所能分享到的合作收益基本与经营规模的大小密切相关，同时又假设大户和小户的可能收益也可以被衡量，分别为10和5。（4）假定农业大户和小户组建的成本可以被衡量，且要同时考虑会计成本和机会成本。由于农业领域之间的盈利能力、机会不同，各农业专业合作社组建的难易、成本必然存在很大差异。农业大户往往具有小户所不可比拟的威望、信用、说服力、技术实力和社会稀缺资源的配置能力，其组建能力通常也比普通农户更强，如果只有一方单独组建，那么大经营户一方单独组建的会计成本将小于普通农户。我们可以对大户和小户组建的会计成本给出如下假设：若大户主动组建、小户等待，大户付出的组建成本可以假设为3，小户没有成本；若小户主动组建、大户等待，小户付出的组建成本可以假设为6，大户没有成本；若大户和小户共同组建，大户和小户的组建成本假设分别为2和4。那么，博弈双方的收益情况分别是：①大户主动组建、小户等待加入，大、小户的净收益分别为7和5；②小户主动组建、大户等待加入，大、小户的净收益分别为10和1；③大户和小户共同组建，大、小户的净收益分别为8和1；④大户和小户都不组建，大、小户的净收益均为0（图2-2）。

如果只考虑会计成本，当只有一方单独组建时，大户所具有的独特优势必然使大户和小户单独组建的净收益呈现较大差异。毋庸置疑，博弈结果是大户积极搜寻信息、发起设立合作组织，并在设立后自愿承担开拓市场、技术指导、统一管理的重任，而小经营户则选择搭便车。

	小户组建	小户等待
	1	5
大户组建	8	7
	−1	0
大户等待	10	0

图 2-2　农业大户与小户的博弈模型

3. 大户的自我博弈及大户组建动力的弱化

在会计成本的博弈之后，农户将从机会成本的角度进一步在组建和不组建之间自我博弈。农户为组建合作组织所放弃的其他工作机会的最大净收益构成了其组建的机会成本，这也是影响农业决策的重要因素。只有当组建的收益减去会计成本以及机会成本之后的经济利润大于 0 时，农户才可能选择主动组建，反之，则可能选择不组建。由于经营大户往往具有小户所不可比拟的经营能力、技术实力和更为广阔的经营渠道，因此大农户组建合作组织的机会成本也比较高。在上述博弈中，若大户单独组建的机会成本大于 7，大户单独组建的经济利润将小于 0，大户不会选择单独组建；当大户与小户共同组建的机会成本大于 8，大户组建的经济利润也将小于 0，大户将同样拒绝组建，这就是有些大户组建动力不足的重要原因所在。

可见，组建者动力的强弱是从会计成本和机会成本的双重视角对组建成本和收益博弈的结果。从会计成本角度博弈的结果表明，农业大户应是组建专业合作经济组织的主要力量，而大户从机会成本角度的博弈则可能弱化部分组建者的动力。

（二）农业大户自发组建专业合作经济组织的优势与局限性

1. 农业大户自发组建专业合作经济组织的主要优势

（1）农户的信赖度高，组建的交易成本相对较小。农业大户通常都拥有一技之长，有经营、管理的能力，有丰富的经营经验，他们在农户中有较好的社会影响。农业大户与普通农户的距离近，为广大农户所熟悉，农户对他们的信赖度高，组建的交易成本较低，同时也能充分发挥农业大户的经营优势。

（2）民主程度较高，盈余与农户共享。由农业大户组建的农民专业合作经济组织，其民主程度相对较高。在经营决策和收益分配的决策中，农民参与的程度高，合作收益多由农户共同分享。

2. 农业大户自发组建专业合作经济组织可能存在的局限性

（1）规模较小，实力较弱。农业大户组建的专业合作经济组织在发展的初期规模相对较小，经济实力较弱，缺乏精深加工的能力，产品的附加值低，因此，难以与大企业竞争。

（2）规范程度有待加强。农业大户组建的专业合作经济组织往往比较松散；有些合作经济组织在义务的承担上比较随意，会员只缴纳少量的会费，大户承担合作经济组织运行所需要的大部分资金，奉献大量的精力；盈余分配不一定有固定的机制，不少专业合作经济组织是临时决定分配方案的；不少专业合作经济组织的内部制度建设不够健全。

（三）农业大户组建局限性的突破

农业大户应该是组建专业合作经济组织的主力，面对农业大户组建可能面临的种种问题，政府应当增强经营大户的组建力量，这是非常重要的。

1. 加强对农业大户的培养力度

通过规范产权流转，培育适度的经营大户；开展组建者专项培训，在内部管理、技术和市场开拓等方面提升大户的经营管理能力；拓展农业大户的视野，使他们能够预见到合作的优越性；培育农业大户的社会声誉，培育甘于奉献的精神，使农业具备组建的威望、信用和能力，能够把相同或相近产业的小生产者组织起来，形成农民专业合作经济组织。

2. 加大对农民自发组建的专业合作经济组织的扶持力度

相对于其他组建者而言，农民在延伸产业链、拓展市场、管理和技术创新等方面的力量是比较弱的，因此，政府的政策扶持体系应该加大对农民自发组建的专业合作经济组织的扶持力度，给予该类专业合作经济组织更多的财政、税收和贷款扶持。

3. 加强对农民自发组建的专业合作经济组织的规范指导

如前所述，农民自发组建的专业合作经济组织在组建初期，往往先选择松散型的专业协会，即使是专业合作社，其内部的制度建设规范程度往往也不高，从而导致农民自发组建的专业合作经济组织发展不稳定。因此，要加强对农民自发组建的专业合作经济组织的指导，特别是在条件具备的时候，要积极引导松散型合作经济组织向紧密型专业合作经济组织转变，提高市场竞争力。

(四)农业大户组建专业合作经济组织的案例分析

1. 福建邵武市沿山镇周源村家庭合作林场

1998年邵武沿山镇周源村进行集体产权制度改革，全村林场按当时人口数平均分配到各村民小组，所有权、经营权下放到小组集体所有。由于山界不明显，集体产权改革之后，以组为单位经营的合伙山场很常见。沿山镇周源村家庭合作林场就是其中一个拥有15户家庭292亩山场的家庭合作林场。该合作林场的日常管理事务由组长统一负责。决策过程很简单，一般在组长家开会讨论即可，但决策必须得到所有人同意才能生效，决策效率较为低下。从会计成本的角度看，合作存在净收益，大户获得的收益明显大于小户。但若从机会成本的角度考虑，组长本人拥有 100 多亩山场，还有其他工作，本人所拥有的山场和其他工作的精心经营所能带来的可观收入，构成其组建合作组织的高昂机会成本，即使林场的收入都归他所有，也很难弥补为此付出的机会成本。这显然是一个组建机会成本高于收益的合作组织，组建的经济利润为零或为负。因此，该组长对组建合作林场缺乏足够的积极性。2003 年造林时，该组长认为自己能力有限，管理上存在困难，在大家的一致同意下，主动将 15 户再分为两个组，以此来减轻自己的工作量。他还表示目前很难保证这种组织的稳定性，也许还会继续细分下去①。

2. 福建光泽县寨里镇茶富村灵寺股份合作林场

1998 年光泽县寨里镇茶富村进行集体产权制度改革，陈恭志邀请了 6 个农户建立家庭合作林场，共同出资、共同出力、合作造林。自 2006 年起，由于光泽县林业局对林业专业合作经济组织实行树苗优惠政策，并对股份合作组织的组建和运作予以政策引导，以陈恭志所在的家庭合作林场为主体，40 个农户联合而成的股份合作林场应运而生，陈恭志被推举为股份合作林场场长。灵寺股份合作林场实行"以山入股、以劳入股、有资金再加股"，把各农户经营的山地面积折合成股份，以股份多少来分摊造林、抚育等费用，即以股投资，签订协议，所有抚育及管护费用按面积出资，收益也按股份分配。股份合作林场由陈恭志统一经营，组建者的日常经营活动没有任何工资报酬，入股的农民把自家经营的山地折合成股份时，适当将小部分的股份让渡给组建者。在合作初期，由于合作规模有限，组建者陈恭志受让的股份期权收益并不乐观，而合作事务几乎耗费了他全部的精力，组建的机会成本高昂，经济利润几乎为零，陈恭志一度处于疲态之中。但是，由于陈恭志甘于

① 孔祥智，陈丹梅. 统和分的辩证法[M]. 北京：中国人民大学出版社，2008：216

奉献，他对合作林场进行精心管理，许多农民因此主动上门恳切请求入股，一时间大家蜂拥入股。灵寺股份制林场不知不觉从最初的 40 户人家 600 多亩（15 亩＝1 公顷）林地发展到了 2010 年年初的 100 多户人家 4 500 多亩林地，覆盖了茶富村 5 个村民小组。随着参与农户的不断增加，合作林场的规模不断扩大，规模效益日益显现，组建者所持的股份日渐增加，受让的股份期权收益不断增长，大于组建者所付出的机会成本和会计成本，组建者的积极性也因此增强。

二、龙头企业

（一）龙头企业组建农民专业合作经济组织的动力

农业产业化经营中的龙头企业是指具有一定的生产规模、良好的经济效益、设备先进、技术力量雄厚，能够引领管理和技术创新，能够带动农业和农村经济结构调整，带动商品生产发展，推动农业增效和农民增收，并经有关部门认定的工商企业。龙头企业是种植和加工的龙头、市场的中介、服务的中心，它可以是生产型和加工型企业，也可以是中介组织和专业批发市场等流通企业。龙头企业是组建农民专业合作经济组织的重要力量。

1. 龙头企业组建农民专业合作经济组织的动力来源

（1）可以获得稳定的原料供应。一定的生产规模不仅是实现规模经济的必然要求，也是农业产业化龙头企业的认定标准之一。而一定的加工和流通规模需要稳定的原材料供应，组建农民专业合作经济组织是保证稳定的原材料供应的重要途径。

第一，组建农民专业合作经济组织可以保证原材料数量的稳定。原材料数量的不确定性是影响企业生产决策的重要因素。如果企业不能购买到所需要的原材料，就会造成开工不足、设备搁置和人力的浪费，或者就要囤积原材料，造成库房费用和银行利息的增加。而农产品的不易储藏性决定了农产品储存成本的高昂甚至是储存的不可能性，这进一步凸显了原材料稳定性的意义。但是，由于农民自身素质的限制，农民对市场需求信息的了解是不完全的，农户自发的生产则可能导致产品供给和龙头企业需求的脱节，从而造成龙头企业原材料的不稳定。所以，龙头企业需要把农民组织起来，组建农民专业合作经济组织，根据自己的原料需求与农户签订合同，引导农户按照合同的约定进行生产和销售，保证原材料供应数量的稳定，从而避免市场原材料供应不稳定造成的损失。

第二，组建农民专业合作经济组织可以保证原材料质量的稳定。原材料的质量与产品的品质、企业声誉、企业利润有密切的联系，优质的原材料是产品质量和企业信誉的保证。在农产品市场上，由于市场道德没有完全确立、法制还没有健全，千家万户分散的生产难以监督，有些农户从短期目标出发，滥用肥料和农药，以次充优，从而影响产品质量，降低龙头企业的经济效益和商业信誉。因此，龙头企业需要把农户组织起来，实施标准化生产，依靠科技进步，统一配备种苗、统一采用科学的种养方法、统一配用肥料和农药、统一提供技术服务，从而保证稳定的原材料质量，避免原材料质量不稳定造成的损失。

（2）可以节省交易费用。农产品的地域特点非常明显，千家万户分散的生产必然使龙头企业的批量采购面临巨大的交易费用，如，农产品信息的搜寻成本、谈判的成本、运输的成本、产品检验鉴定的成本、监督履约的成本等。对于林产品的采购而言，由于林区交通不便，居住更为分散，这更加大了龙头企业采购的难度和成本。因此，龙头企业需要把农户组织起来，在一定的区域内集中生产，形成充足稳定的原材料供应，从而节省信息搜寻、谈判、运输、检验、储存保管和监督履约的费用。

（3）便于建立紧密的利益联结机制。国家九部委共同颁发的《农业产业化国家重点龙头企业认定和运行监测管理暂行办法》指出，以可靠、稳定的利益联结机制带动农户（特种养殖业和农垦企业除外），企业从事农产品加工、流通过程中，通过订立合同、入股和合作方式采购的原料或购进的货物必须占所需原料量或所销售货物量的 70％以上。为了获得稳定的原料供应，企业已经探索出多种多样的联结方式，如"企业＋农户""订单农业"等。但是，在这些形式中，由于缺乏紧密的利益联结机制，企业和农户作为不同的利益主体，都把利润最大化作为唯一的目标，一旦出现市场风险，企业和农户违约时有发生，时常造成原料供应与生产脱节，70％的目标难以实现。所以，龙头企业需要把农户组织起来，按照自愿的原则组建农民专业合作经济组织，通过农户入股、专用性投资、保护价收购、二次返利、提供技术和管理服务等形式，逐步在企业和农户之间建立以产销连接为纽带、以服务连接为桥梁、以利益连接为核心的新型利益分配机制，使企业与农户在契约联结、服务联结的同时适当增加要素联结、利益联结，形成较为紧密的利益联结机制。

（4）便于开发新产品。龙头企业在开发新产品时，有时需要开发新的原材料，并要求农户采用新技术、种植新产品，甚至还要增添新的生产资料。可是林产品的生产周期长，农户在对新产品的特性、生产技术、市场销路和效益缺乏足够的了解之前，有可能拒绝改变或无力改变。因此，龙头企业需要把农户组织起来，组建农民专业合作经济组织，在紧密的利益联结机制保障之下，统一开发新产品，采用以销定产的形式稳定农户的市场预期，以统一的技术指导解决农户在新产品生产中可能遇到的难题，以保护价、产前和产中补贴等多种形式稳定农户对经济效益的预期，从而保证新产品开发的顺利进行。

（5）可以获得税收优惠。由于我国的农民专业合作经济组织，尤其是农民专业合作社可以不同程度地得到增值税、营业税和所得税的一些优惠，许多龙头企业为了分享部分政策优惠，纷纷组建农民专业合作经济组织。

2. 龙头企业组建动力不足的主要原因

由龙头企业组建农民专业合作经济组织虽然可以为龙头企业和农户带来双赢，但是，仍有些龙头企业的组建动力不足，其原因主要有：

（1）农户对龙头企业的依附明显。导致农户对龙头企业依附的原因主要有两个方面：一是龙头企业已经形成地域垄断，具有充足的原料来源。由于有的林产品储存、运输的成本高昂，外运十分困难，如普通的用材林，基本上以本地销售为主，农户对龙头企业的依附明显。龙头企业则可以依据地域垄断形成充足的原料供应，组建农民专业合作经济组织的动力不足。二是某原料处于明显的买方市场，龙头企业容易获得充足的原料供应，组建农业专业合作经济组织的动力不足。

（2）龙头企业对市场竞争能力没有稳定的预期。从理论上来看，在龙头企业所组建的农民专业合作经济组织中，农户的经营风险大大降低，处于产业链下游的龙头企业则承担了大部分的风险，因此，龙头企业必须要有较强的市场竞争能力。有些龙头企业对未来的市场竞争能力没有稳定的预期，担心自己的带动能力不足，组建动力弱化。

（3）组建的机会成本高昂。由于我国农户的经营规模狭小，农户的合作意识薄弱，组建较大规模的农民专业合作经济组织需要投入大量的时间和精力。而龙头企业具有较强的经营能力、技术实力和广阔的经营渠道，组建合作组织的机会成本高昂。组建的机会成本一旦高于合作收益，组建的动力就必然不足。

（二）龙头企业组建农民专业合作经济组织的优势与局限性

1. 龙头企业组建农民专业合作经济组织的优势

龙头企业在加工、科研、信息和服务方面具有农户难以比拟的实力，龙头企业和农户之间的联合是纵向之间的优势互补，能够引导生产，充分提升林产品的附加值，合作收益容易显现，具有明显的组建优势：

(1)延伸产业链，增加合作收益。林业种植效益小，延伸林业的产业链，发展林业的产前和产后经营，是提高林产品附加值、增加农民收入的重要途径。加工型和流通型的龙头企业将产业链向产后延伸，对初级产品进行不同程度的整理、加工和包装；而种植型的龙头企业则将产业链向产前延伸，研制开发优质种苗，这些都将成倍地提升初级产品的附加值，让农户分享由此带来的合作收益。更值得一提的是，农产品加工具有一定的规模经济效应，与农户相比，龙头企业进行加工的成本更低，技术含量更高，由龙头企业取代农户进行农产品加工，可以带来利润的大幅度增加。因此，龙头企业组建的农民专业合作经济组织，不再是简单的化零为整，而是超可加收益的联合。

(2)开拓市场，降低市场风险。龙头企业外联国内外市场，有自己的营销队伍和稳定的销售网络，由龙头企业组建农民专业合作经济组织，可以为林产品开拓广泛的市场；保护价收购或订单收购能够有效地降低市场风险，带动千家万户发展商品生产。

(3)及时获取更多信息，减少盲目生产。大部分龙头企业处于产业链的下游，与终端消费者的距离更近，通常有较为成熟的营销队伍和营销渠道，所以，龙头企业的信息渠道畅通，可以帮助农户及时获取更多信息，引导农户根据市场的需要及时调整产品的品种和品质，减少盲目生产行为。

(4)规模较大，内部管理水平高。得益于龙头企业的市场优势和可能的附加值分享，由龙头企业组建的农民专业合作经济组织容易得到农户的积极响应。因此，该类型的合作组织规模普遍较大。龙头企业拥有高素质的管理队伍，具有丰富的管理经验。农民专业合作经济组织的内部管理水平相对较高，有比较完善的内部规章制度。

2. 龙头企业组建农民专业合作经济组织可能存在的局限性

毋庸置疑,龙头企业在组建农民专业合作经济组织方面具备了其他力量不可比拟的优势,是组建农民专业合作经济组织的重要力量。但是,龙头企业和农户毕竟是两个独立的利益主体,龙头企业的宗旨是为出资者获取最优回报率[①],农民专业合作经济组织的宗旨是为社员提供最优服务,为社员获取最大合作收益。这二者之间的矛盾决定了龙头企业和农户之间可能出现的种种摩擦,决定了龙头企业组建农民专业合作经济组织可能存在的局限性。其中最大的局限莫过于履约率低,合作契约极其不稳定,龙头企业和农户违约的现象都难以避免。从龙头企业一方看,尽管有的契约已经规定按照市场价或高于市场价收购农产品,或规定最低保护价收购,但是,市场行情一旦出现不利于龙头企业的变化,企业就将通过提高验收标准、减少收购数量等办法变相违约;从农户或农民专业合作经济组织一方看,有的农户不能按照企业所规定的技术规范进行生产,一旦市场价格高于龙头企业的收购价,也有少数农户违背契约将产品卖给他方。

(三)龙头企业组建农民专业合作经济组织的案例分析

1. 浙江奉化雪窦山名茶产销专业合作社

浙江奉化雪窦山名茶产销专业合作社成立于 2002 年 3 月 25 日,是由 5 家紧密型企业、46 家松散型农户组成的茶叶专业合作组织,2010 年有成员 112 家。合作社主要生产销售"雪窦山"牌奉化曲毫名茶。合作社内部实行统一品牌、统一生产技术标准和质量标准、统一包装材料、统一价格、统一监督管理,分散包装、分散经营等"五统一、二分散"管理办法,合作社和成员都没有违约现象,2002 年至 2014 年,"雪窦山"牌奉

---

① 孙亚范. 新型农民专业合作经济组织发展研究[M]. 北京:社会科学文献出版社,2006:202

化曲毫先后获得国际名茶金奖、浙江省名茶证书、中国精品名茶金奖、浙江省农博会金奖等各种奖项，并被确认为浙江省绿色农产品，基地被确定为宁波市绿色农产品基地。与此同时，基地面积、茶叶产量、销售量和营业额同步扩大，销售网络逐步形成。

2. 福建省建瓯市某竹业专业合作社

建瓯市某竹业专业合作社在成立之初便走向解散。该专业合作社由 3 家企业领头组建，成立之初有 40 多户农户参与。因为带头组建的企业自身实力不强，开拓市场、延伸产业链、提升产品附加值的空间不大，几乎没有什么利润可以与农户共同分享，规定只按照市场价收购农户的产品；又由于这些企业的发展不稳定，对未来缺乏稳定的市场预期，在成立之初，不但无法按照保护价收购笋、竹，而且还在市场供货充足的情况下，提高收购标准、减少收购量，企业的违约行为导致农户纷纷要求退社，未入社的农户也不愿意加入，专业合作社在未注册之前就走向消亡。

同样是龙头企业组建的专业合作经济组织，奉化雪窦山名茶产销专业合作社与建瓯市某竹业专业合作社的发展结果却迥然不同。奉化雪窦山名茶产销专业合作社中的龙头企业和农户都能诚信履约，而建瓯市某竹业专业合作社的龙头企业和农户都先后毁约了。两个专业合作社的案例说明了无限次重复博弈对专业合作经济组织稳定性的不同作用：

（1）合作组织自身的实力不同。在奉化雪窦山名茶产销专业合作社中，不论是专业合作社内部的 5 家企业，还是其他农户，都是长期从事茶叶生产的经营者，该专业合作社的实力较强，对未来有稳定的市场预期，着重未来的长远利益，形成接近无限次的重复博弈；在建瓯市某竹业专业合作社中，由于领建企业自身的实力不强，对未来缺乏稳定的预期，过于看重眼前的利益，短期行为严重，从而首先选择了毁约行为，陷入了一次博弈的陷阱。

(2)双方的履约收益不同。在奉化雪窦山名茶产销专业合作社中,龙头企业和普通成员的履约收益都比较好。从龙头企业方面看,合作社内部主要成员需要缴纳会费,每年至少15 000元,大量的会费为合作社的品牌宣传提供了必要的资金支持,大量成员的共同持续经营也强化了茶叶的品牌效应,从而有利于龙头企业的发展,是无形的履约收益。从普通成员方面看,专业合作社的健康发展,"雪窦山"品牌效应的提升,使成员们的茶叶价格明显高于市场价。专业合作社主要为成员提供品牌方面的服务,各成员产品的具体销售工作主要由农户自己承担,茶叶价格提升所增加的收入全部归成员自己所有,履约的收益可观。在建瓯市某竹业专业合作社中,龙头企业的精深加工能力不强,组建专业合作经济组织的收益不高。龙头企业按照市场价收购农户的产品,除了提供市场销路外,农户的履约几乎没有带来合作收益。

(3)违约的成本不同。在奉化雪窦山名茶产销专业合作社中,龙头企业和普通成员的违约成本都比较高。若龙头企业违约,其他成员则可能不缴纳次年的会费,专业合作社的发展将陷入困境,龙头企业的声誉和品牌将长期蒙受比普通成员更大的损失;若农户违约,将不能使用"雪窦山"品牌,而"雪窦山"茶叶的价格比市场价约高一倍,农户将长期承担高昂的违约成本,在违约成本和违约收益的重复博弈中,理性的成员当然选择履约。

三、营销部门

(一)营销部门组建农民专业合作经济组织的动力

1. 营销部门组建农民专业合作经济组织的动力来源

(1)基层营销部门自身改革和发展的需要。我国的供销社体制形成于新中国成立初期,主要是自上而下组织起来的。在计划经济时期,供销合作社在为农服务、促进城乡物资交流、保障市场供给等方面做了大量工作，做出了重要贡献。建立社会主义市场经济体制之后，中共中央从农村经济发展、体制改革和供销合作社自身的需要出发，作出了深化供销合作社改革的决定，围绕着农民专业合作经济组织的性质，以基层社为重点，把供销合作社真正办成农民的合作经济组织。为此，供销合作社就要进一步从单纯的购销组织向农村经济的综合服务组织转变，大力发展专业合作社，发展以加工、销售企业为龙头的贸工农一体化、产供销一条龙经营，带动千家万户连片兴办农产品商品基地和为城市服务的副食品基地，积极为农业、农村、农民提供综合性、系列化的经济技术服务，引导农民有组织地进入市场①。这些改革取向促使供销合作社回归"合作社"的本来面目，加快组建农民专业合作经济组织。

　　(2)供销总社的推动。中华全国供销合作总社是全国供销合作社的联合组织，它指导全国供销合作社的业务活动，促进城乡物资交流。全国供销合作总社高度重视农民专业合作社建设，将其作为供销合作社改革、推进体制创新的重要途径，自1984年中央1号文件提出大力发展农民专业合作组织以来，一直在不断地探索发展道路。早在20世纪90年代初期就率先在全系统建立了105个专业合作社示范县，以此推动农民专业合作社的发展。为推动系统专业合作社的规范化建设，2006年在全系统开展了"千社千品富农工程"，主要目标是：每年选择1 000家规范的专业合作社，根据产业优势和地域特点，塑造1 000个特色农产品品牌；用5年时间，扶持5 000家专业合作社，塑造5 000个特色农产品品牌。每个专业合作社平均带动社员1 000户以上。② 在此项工程的推动下，基层营销部

---

　　① 《中共中央、国务院关于深化供销合作社改革的决定》[EB/OL].
http：//news，xinhuanet.com.2005－03－16/2010－6－13

　　② 韩俊.中国农民专业合作社调查[J].上海：上海远东出版社，2007：40

门实现了专业合作社与系统内外销售网络的对接，带动了专业合作社的规范化建设，也在集体产权改革之后的林区催生了一批农民专业合作经济组织。

(3)地方政府的委托。为了促进地方经济的发展，不少地方政府委托供销合作社组建农民专业合作经济组织。截至2005年年底，全国已有23个省(区、市)1 500个县党委及政府委托供销合作社承担组织、指导农民专业合作社发展的职能。[①] 有的地方政府还专门划拨财政资金交由供销合作社用于发展农民专业合作经济组织，为营销部门的组建提供了有效的动力。

2. 营销部门组建动力不足的主要原因

(1)激励机制的缺乏导致营销部门具体组建人员的组建动力不足。激励机制的缺乏源于利益联结机制的缺失。供销社带有一定的官办特征，具体的组建人员一般不持有合作组织的股份，而是领取一定的劳务报酬，其劳务报酬也不跟合作组织的经营业绩成正比。在合作组织经营不景气时，组建人员只能象征性地领取少量报酬，甚至不能领到任何报酬；而合作组织经营业绩良好时，又不能给组建者带来报酬的快速增长。因此，作为集体的营销部门虽然具有组建动力，但内部激励机制的缺乏却导致具体组建人员的组建动力明显不足。

(2)组建能力的不足是营销部门组建动力不足的又一重要原因。这主要是针对基层供销社而言。由于基层供销社的人员配备较少，人员的素质又参差不齐，办公条件也较为简陋，组建专业合作经济组织的能力有限，所以组建的动力也就不强。

---

① 韩俊. 中国农民专业合作社调查[J]. 上海：上海远东出版社，2007：43

(二)营销部门组建农民专业合作经济组织的优势与局限

1. 营销部门组建农民专业合作经济组织的主要优势

(1)组织形式多样化。营销部门组建的农民专业合作经济组织的形式较为多样，以农民专业合作社为主，也有股份合作经济组织和专业协会。在营销部门组建的专业合作经济组织中，理事会成员人数相对较多。这是因为该类合作组织的覆盖面广，参与合作的成员数量多。作为领办人的有关营销部门工作人员往往都被推举为合作组织的理事。该类型专业合作经济组织的组织结构一般以"较大的核心层＋松散的外围"为主。

(2)组织实力相对较强。我国供销社体制形成的时间较早，经过长时间的积累，营销部门拥有丰富的资源优势，在推动合作组织的发展方面具有独特的作用，其优势主要有：第一，市场优势。营销部门具备比较完善的商品流通网络，掌握比较及时、正确的市场信息。各地基层供销社还积极创办各种合作经济网，构建为专业合作社服务的信息网络服务体系。如福建省供销社积极创办"福建农产品信息网"，及时向社会发布农产品信息资料。第二，资金优势。相对于一般农户而言，营销部门筹集资金的能力强。针对农民专业合作经济组织在组建和发展过程中存在的资金缺乏问题，各地供销合作社积极争取资金，为农民专业合作经济组织的正常运作提供了有力的资金支持。第三，人才优势。营销部门从事合作社经营的时间较长，有些供销社拥有经验丰富的经营管理人才，为农民专业合作经济组织的发展提供技术、营销和组织协调等方面的服务。有的积极牵头，组建了农民专业合作经济组织；有的为专业合作组织提供了信息、技术、产品认证、市场营销等方面的培训；有的还积极牵头组建农民专业合作社联合会。第四，龙头企业的依托。许多供销社有自己的龙头企业，它们依托生产、加工或销售的龙头企业创办实体型的专业合作经济组织。

(3)组织规范程度较高。各地基层营销部门在中华全国供销合作总社的积极推动下，纷纷出台了有关培育和扶持农民专业合作经济组织的意见，制定了农民专业合作社的发展规划。得益于营销部门系统的引导和规划，营销部门所组建的专业合作社规范化程度相对较高。它们在规范化建设方面的工作主要有：通过"千社千品富农工程"，每年选择扶持一批规范专业合作社，以此推动专业合作社在工商部门注册，开展标准化生产和品牌化经营，促使合作社制定规范的章程和严密的管理制度；通过示范专业合作社的评选活动，每年树立一批典型专业合作社，发挥引领带动作用。在示范专业合作社引领的基础上，各级营销部门认真总结经验、宣传推广，有效地推动了专业合作社的规范化建设。

（4）合作收益容易显现。如上所述，营销部门有自己的营销队伍，有自己的采购系统，有的供销社还有自己的龙头企业，营销部门在经营中的主要优势体现在采购、加工和销售环节，所以营销部门组建的农民专业合作经济组织也主要是采购、加工和销售环节的合作。加工和销售环节的附加值比较高，采购环节有利于节约交易成本，合作收益较为明显且容易显现，合作组织容易保持持续稳定的发展。

2. 营销部门组建农民专业合作经济组织可能存在的局限性

（1）专业合作经济组织的发展状况受制于基层营销部门工作人员的素质和奉献精神。各基层供销社工作人员的素质参差不齐，奉献精神也各不相同。有的供销合作社领导能力不足，人心涣散，供销社存在活力不足、效益下降、服务功能不强的问题，无法为广大农户提供技术、市场和信息服务，难以引导农民联合起来进入市场；有的供销社职工虽然有较强的业务能力，但是奉献精神不足，为广大农户服务的动力不足；有的供销社职工组建合作社的动机不纯，不同程度地侵害了合作农户的利益。以上问题的存在都可能制约农民专业合作经济组织的发展，影响农户的合作收益。

（2）农民参与度不高。中华全国供销合作总社的积极扶持，有力地推动了各地农民专业合作经济组织的发展，但是，有的地方供销社为了获得供销总社的资金扶持，未能从本地的实际出发，根据农民的实际需要组建合作组织，而是盲目跟从，为了业绩刮"一阵风"，从而使合作组织的发展出现"短、平、快"现象，或处于名不符实的状态，农民的参与度不高，不是真正的农民专业合作经济组织。

（3）对营销部门领建人员缺乏约束机制。同样是由于利益联结机制的缺失，农民专业合作经济组织对营销部门领建者的约束机制也不足。许多营销部门的组建者在组建之后被推举为合作组织的理事长，成为合作组织的主要经营者，但农民对营销部门的工作人员并不了解，合作组织对这种委托—代理关系缺乏有效的约束，从而可能导致少数组建者侵害农户利益。

（4）产权不清晰。不少由供销社组建的农民专业合作经济组织与供销社的产权关系没有界定清楚。由供销社组建的合作组织长期无偿使用供销社的场地、设备等，合作组织的日常运营经费也由供销社提供，这种产权不清晰的状态对农民专业合作经济组织的持续发展是不利的。

（三）营销部门组建局限的突破

营销部门是组建农民专业合作经济组织的重要力量之一，面对营销部门组建时可能出现的问题，至少可以从以下几个方面加强努力。

1. 加大供销社的改革力度

大力改革我国农村的供销合作社，为农村供销合作社正本清源，真正由"官办"转为"民办"，明确供销社的产权，使其重新焕发活力。加快发展农业生产资料现代经营服务网络，依托供销合作社建设一批统一采购、跨地区配送的大型农资企业集团，在粮食主产区和交通枢纽，完善农资仓储物流基础设施，加快推进农资连锁经营，大力发展统一配送、统一价格、统一标识、统一服务的农资放心店；加快发展农副产品营销网络，引导供销合作社创新农产品流通方式，推动大型连锁超市与农民专业合作社、生产基地、专业大户等直接建立采购关系，培育品牌产品，降低流通成本，提高流通效率。

2. 建立紧密的利益联结机制

一方面，通过营销部门入股，尤其通过组建者个人入股的形式，强化营销部门和组建者的责任心，采取资本链接的方式，与农民专业合作经济组织对接，形成利益共同体，提高经营和管理的积极性；另一方面，扩大普通农民成员的参股份额，吸纳更多的社员入股，彰显农民专业合作经济组织的民办性质，从而促进合作组织的持续健康发展。

3. 充分发挥省级供销社的积极作用

县级供销社与农户的联系更为直接，因此县级供销社是组建农民专业合作经济组织的主要力量，但是由于县级供销社的水平和条件有限，组建的力量和指导能力明显不足，因此，应当充分发挥省级供销社的作用，要为农户提供市场分析，确定指导性的生产指标，减少盲目生产；要指导和带动合作社开展精深加工，提升林产品的附加值，增加合作收益。

此外，中华全国供销合作总社、地方工商管理部门和有关管理部门应该在注册和管理等环节加强监督，促使营销部门组建的农民专业合作经济组织更加持续健康地发展。

（四）营销部门组建农民专业合作经济组织的案例分析

1. 庆元县天堂山锥栗专业合作社

庆元县是一个山区县，环境优美、物产丰富，农产品更是品质优良，但由于地理条件的限制和宣传的不足，农产品总是优质低价，甚至无人问津。近年来，庆元县供销社领导洪宝如积极组建农民专业合作社。庆元县天堂山锥栗专业合作社就是由庆元县供销社组建的一家专业合作社，成立于 2003 年，目前已有团体社员 15 家、个体社员 520 多户，带动农户 1 500 多户，基地面积达 12 200 多亩，其中，已发展无公害锥栗基地 5 000 多亩。合作社按高于市场 2％～5％的订单价格收购社员锥栗，助栗农增收，社员的年人均收入比非社员增长了 500 元，增幅达 20％以上。

2. 辽宁省黄土岭五味子专业合作社

同样是供销社组建的专业合作经济组织，黄土岭供销社的实力相对较弱，在市场开拓和产业链延伸等方面缺乏足够的能力。合作社除了提供极少数的技术讲座外，主要是帮助收购农户的林下产品。此外，合作社缺乏精深加工的能力，五味子附加值提高的空间不大，因此，黄土岭五味子专业合作社只能按照市场价收购社员的产品。与庆元天堂山锥栗专业合作社相比，带动社员增收的能力相对较弱。五味子合作社的社员与非社员几乎没有什么权利和义务的差别，专业合作社一直处于松散的状态之中。与其说是专业合作社，倒不如说是专业协会。

同样都是营销部门组建的农民专业合作经济组织，但是它们的发展状态明显不同，具体表现在：

(1)供销社的技术优势不同，农户的合作收益不同。庆元县供销社领导洪宝如组织全县农产品经纪人成立了庆元县农产品经纪人协会，成为进一步加快天堂山锥栗专业合作社发展的坚强后盾；庆元县供销社聘请省职业技术教育学院、供销学校的专家对全县 67 名农产品经纪人进行了专业技能培训，并经过理论和实际操作考试，对合格者颁发资格证书；在县供销社的带动下，天堂山锥栗专业合作社不定期邀请专家对社员进行新、老园区的锥栗病虫害识别及防治方法和锥栗采收、储存保鲜现场培训，筹集经费支持骨干示范户分别赴上海、南京、厦门、杭州、广州、苏州等城市进行炒栗试销，打造专业合作社品牌。供销社所提供的技术支持也是广大成员的一种合作收益。与庆元县供销社相比，黄土岭供销社的实力相对较弱，除了提供极少数的技术讲座外，主要是按市场价收购农户的林下产品，农户所能获取的合作收益无多。

(2)供销社的加工和市场优势不同，各方的合作动力不同。

庆元县供销社有下属的农资经营公司，合作能够增加农资经营公司的销售量，并与农户实现共赢，供销社的合作动力增强；专业合作社内部有加工户，能够通过产品加工延伸产业链，提高产品的附加值，所以，合作社能够按照高于市场价的价格收购农户的产品，增加合作收益。此外，供销社还为合作社提供商标服务，并通过供销社的销售网络提供产品销售服务，实现互利共赢、和谐共存、稳定发展，从而不断提升合作各方的合作动力，促进合作经济组织稳定发展。而黄土岭供销社的实力相对较弱，由于缺乏精深加工的能力，五味子附加值提高的空间不大，双方的合作收益甚少。

（3）利益联结机制不同，供销社的组建动力不同。在庆元县供销社内部，专业合作社的经营业绩与供销社员工的切身利益直接相关，员工可以持有专业合作社的股份，可以享受一定的物质奖励；而在黄土岭供销社内部，专业合作社的经营业绩与供销社内部员工利益的直接关系不大，供销社员工组建合作社的积极性不强，合作社处于比较松散的状态。

四、技 术 部 门

（一）技术部门组建农民专业合作经济组织的动力

技术部门主要是指县、镇两级的林业局有关科室、林业站、技术推广站、农机站、种苗站、森林防火办、森防站、森工局等。

1. 技术部门组建农民专业合作经济组织的动力来源

（1）组建农民专业合作经济组织便于技术推广和研发。林业技术推广和研发是林业站、技术推广站、农机站、种苗站、森工局等的主要职能之一，农户是它们的主要服务对象。集体产权改革极大限度地提高了农户经营管理的积极性，却给林业技术的推广和研发带来诸多难题，这主要表现在：①新技术难以被农户所了解和掌握。集体产权改革之后，农户拥有了独立的经营权,多为分散经营。面对数量众多、居住经营都十分分散的林区农户,技术部门需要一个组织载体,便于向农民宣传和传授新的技术。②新技术难以在林业生产中运用。任何一项新技术的运用都必然存在一定的风险,而由于单个农户经营的规模较小,抵御技术风险的能力弱,单个农户对新技术接纳和运用的意愿和能力弱,因此,技术部门需要一个组织载体,便于运用新技术。③新技术缺乏研发基地。技术部门对新技术的开发和服务需要长期的实验和跟踪研究,但是,面对数量众多、居住经营都十分分散的林区农户,新技术的研发不但存在交通和联络的不便,而且容易遭到农户的拒绝,因此,新技术的研发需要以农民专业合作经济组织作为基地。

(2)组建农民专业合作经济组织便于增强技术部门的其他服务职能。服务地方林业生产,开展森林消防宣传教育,制定森林消防措施,组织群众预防森林火灾是林业局有关科室、森林防火办、森防站的重要职能。但是,集体产权改革之后,一家一户分散的经营给林业生产和管护带来很大的困难,为农户服务的效率十分低下,因此,林业局有关科室、森林防火办、森防站需要把农户联合起来,组建各种林业技术协会、森林防火协会和其他的农民专业合作经济组织,充分发挥它们在政策、信息、技术等方面的优势,依法行使部门职能,提高工作实效,为农户提供及时的信息服务、技术服务和政策宣传咨询,从而更好地为地方林业发展服务。

2. 技术部门组建动力不足的主要原因

(1)组建和运作资金不足。由于技术部门所组建的专业技术协会为农户提供的各种服务只收取少量的费用,甚至是无偿服务,无法满足协会本身正常运作的资金需要。许多协会在组建过程中面临资金不足等很多困难,更有一些专业技术协会在组建之后因资金不足而无法开展任何活动,合作组织处于闲置状态。

(2)激励机制的缺乏同样是技术部门组建动力不足的重要

原因。为广大农户提供服务虽然是技术部门的职能,但是技术部门的有关工作人员在没有增加收益的前提下都认为多一事不如少一事;专业技术协会所提供的技术虽可以产生利益,但是专业技术协会却是不以营利为目的,大部分组建者付出大量的劳动,却基本上未能领取任何报酬。农户与具体的组建者之间利益联结机制的缺失,同样导致技术部门的工作人员组建激励机制不足,组建动力弱化,组建人员陷入疲态。

(二)技术部门组建农民专业合作经济组织的优势与局限

1. 技术部门组建农民专业合作经济组织的主要优势

(1)技术优势明显,服务内容广泛,效果显著。技术部门不仅自身拥有强大的科技人才队伍,而且与其他科技机构、高校有密切的联系,容易获得社会的支持,构建健全的专家服务体系。近年来,技术部门所组建的各种农民专业合作经济组织充分发挥自身的技术优势,开展了形式多样的服务活动:第一,开展下乡宣传。各地技术部门以组建的专业合作经济组织为载体,组织"科技致富大王"和专家队伍举办科技下乡活动,开办科技讲座,对农民进行科学思想和市场观念的启蒙,现场接受农民的科技咨询。第二,开通技术咨询热线。各地技术部门以专业技术协会为依托,开通 24 小时热线电话,随时接受农民的科技咨询。第三,开通网络课堂。利用网络优势,向农民宣传推荐新的技术和项目。第四,开办技术培训班。为了提高服务的实效性,技术部门以组建的专业合作经济组织为依托,开办农村实用技术培训班,培训科技致富带头人和农民技术员,不少协会的工作成效十分明显。

(2)具有良好的声誉,服务范围广泛。县、乡技术部门在多年的工作当中,为农民排忧解难,服务的对象广泛,在广大农户当中具有良好的声誉和技术权威性,由技术部门组建的专业技术协会容易得到农民的积极响应,再加上专业技术协会只收取少量的费用,甚至不收取任何费用,参与的农户数量众多，合作组织覆盖的范围广泛。例如，截至 2010 年，福建省共组建护林联防协会 9 000 余个，涉及山林面积达到 7 000 多万亩，占全省集体林总面积的 70% 以上[①]，覆盖的范围相当大，而这些基本上都是由林业局有关科室、森林防火办、森防站等组建的。

(3)具有良好的示范效应，衍生作用明显。技术部门所组建的专业合作经济组织具有良好的示范效应，合作组织的建立有效地培养了部分农户的市场意识，在农户和市场、农户和龙头企业之间搭建了桥梁，解决了农民生产和经营中的难题，不同程度地显示了农民专业合作经济组织的积极作用。在技术部门的带动下，许多龙头企业、运销大户和林业大户纷纷组建专业合作经济组织。例如，福建省建瓯市竹业协会是建瓯市林业局竹业科组建的专业协会，协会成立之后，为广大农户积极提供市场信息和技术服务，发挥了重要的作用。在市竹业协会的示范下，2002 年 12 月，建瓯市迪口镇一些从事生产和销售笋竹的种植户和流通户也按照自愿、民主、平等、互助、互利的原则，成立了笋竹专业合作社；此后，示范效应不断强化，合作社队伍不断扩大，短短的两年时间里，迪口镇坑头笋竹专业合作社、迪口镇衫洋笋竹专业合作社、迪口镇霞溪笋竹专业合作社相继成立，会员增加到 180 多人，带动农户 1 000 多户，年销售鲜笋及各类笋干 14 700 余吨。

2. 技术部门组建农民专业合作经济组织可能存在的局限性

(1)形式较为简单，组织较为松散。从技术部门所组建的专业合作经济组织看，合作组织的形式多为专业协会，组织较为松散，理事会成员人数相对较多。在该类型的专业合作经济组织中，随着合作组织的发展，有的合作组织有必要从简单、松散的专业协会逐步向专业合作社发展，但技术部门不愿单独

---

① 数据由福建省林业厅森林防火办提供

指导组建，需要联合龙头企业、运销大户或其他力量共同组建。

（2）技术力量和条件不平衡现象不容忽视。技术部门是组建农民专业合作经济组织的重要力量，但是，林业科技力量和条件不平衡的现象不可回避，在现有的技术部门，特别是林业站、技术推广站、农机站、种苗站中，仍有不少人员的工资不是来源于财政拨款，而只能通过林业经费、自收自支或财政差额解决。此外，还有一些林业站没有自有办公用房，没有机动交通工具，工作条件相对落后，这种现象的存在必然影响其组建的力量，导致农民专业合作经济组织发展缓慢。

（三）技术部门组建局限的突破

1. 加强各级技术部门的建设

切实解决林业科技服务部门遇到的困难，从办公条件、资金和人员的配备上给予必要的支持，提升技术部门组建农民专业合作经济组织的能力。

2. 提高技术部门工作人员的组建积极性

培育农民专业合作经济组织，是促进农村经济结构战略性调整、实现林业现代化的重要途径，技术部门的工作人员要积极培育农民专业合作经济组织。但是，由于技术部门的工作人员与合作经济组织之间难以建立紧密的利益联结机制，因此要提高技术部门工作人员的组建积极性，一方面要培育技术部门工作人员的奉献精神，另一方面也应当对无私奉献的技术部门工作者给予适当的精神和物质鼓励。

3. 提高技术部门工作人员的管理素质

技术部门组建专业合作经济组织，除了为农户提供各种服务之外，还要培育农民的组建和管理能力。在条件具备的时候，要促使松散型的专业协会转变为紧密型的专业合作社等，并把专业合作社交给农民管理，真正变成农民自己的组织。

（四）技术部门组建农民专业合作经济组织的案例分析

建瓯市竹业协会：共同奉献、共同发展。建瓯市竹业协会成立于 1987 年 9 月，由市林业局竹业科带头组建，现有团体会员 210 人，个人会员 960 人，在 8 个竹业重点乡镇成立了竹协分会。产权改革以后，农民对竹业协会的服务需求增加了。2004 年以来，建瓯市竹业协会为了满足农民的需求，在积极宣传普及竹业科学知识、推广竹业先进技术、提高竹农科学育竹水平上做了大量卓有成效的工作，增加了竹农收入，促进了建瓯市竹产业发展。例如，2008 年，福建省毛竹林遭受冰雪灾害，受灾面积达 430 多万亩，为了做好灾后管理，减少灾害损失，建瓯市竹业协会组织相关力量进行研究，制定了《有关毛竹林冰雪灾后管理的技术要点》，印发宣传材料，免费发放给每一位会员，并在网上发布。《有关毛竹林冰雪灾后管理的技术要点》根据弯曲、折断、破裂、翻蔸、斩梢等不同的受害类型提出了不同的技术管理要点，有效地指导农户进行灾后管理和生产，大幅度地减少灾害损失。

由于竹业协会的积极努力，2006 年建瓯市被国家林业局命名为"中国竹子之乡"，建瓯竹产业由过去的"副业"转变成如今最具优势的打造"中国笋竹城"的"支柱产业"。建瓯市竹业协会也多次受到上级的表彰。2004 年被国家民政部授予"全国先进民间组织"称号，2007 年被福建省林业厅评为"全省林业科技工作先进集体"。

建瓯市竹业协会的发展，是许多能人共同奉献的结果。该协会成立以来，得到不少老领导的关心。但是，由于农户不缴纳费用，协会的运作资金十分紧张。作为秘书长的竹业科科长林振清，为协会做了大量的工作，但是，他本人却从未领取任何报酬，也不计算工作量；在协会运作资金紧张的情况下，经营大户主动缴纳会费，使专业协会正常运转。

与建瓯市竹业协会相反的是，不少由技术部门组建的专业合作经济组织，由于激励机制和资金的缺乏，却陷入了松散无力，甚至是长期名存实亡的状态。这样的例子甚多，这里不作专门的分析。这说明，技术部门带头组建农民专业合作经济组织，虽然具有明显的技术优势和示范效应，但是，由于组建和运作资金筹集困难，缺乏激励机制，技术部门也可能出现组建动力不足的现象。

第四章　农民专业合作社的市场营销

第一节　农业市场调查

一、市场调查的概念

市场，在一般意义上讲，就是买卖双方进行商品交换的场所。广义上讲，也包括产品成为商品最终为消费者所接受的过程中，为降低交易费用而设立和制定的各种交易制度、交易规则。它包括"硬件"和"软件"两个部分。农民专业合作社作为一种经济组织，其生产经营活动必然围绕市场这个核心。市场不仅是农民专业合作社生产经营活动的起点和终点，也是农民专业合作社与外界建立协作关系、竞争关系所需信息的传导与媒介，还是农民专业合作社生产经营活动成功与失败的评判者。因此，如何把农民专业合作社生产经营活动与市场需求协调起来，实现供需关系在某种程度上的"动态平衡"，是农民专业合作社市场营销活动的核心和关键。

市场调查就是运用科学方法，有目的、有计划地搜集、整理和分析市场供求双方的各种情报、信息和资料，把握供求现状和发展趋势，为农民专业合作社进行决策提供正确依据的活动。

如果我们把"市场"和"市场调查"做个形象的比喻，"市场"是一种客观存在，是"死的东西"，而"市场调查"是一种创造性的智力活动，是"活的东西"，也是最难把握的。

二、市场调查的内容

农民专业合作社市场调查的内容主要包括以下 4 个方面。

(一)市场环境调查

农民专业合作社在开展经营活动之前,在准备将产品投放到一个新市场时,要对新市场的环境进行调查,通过市场环境调查解决农民专业合作社的产品能否打入新市场,能否占有一定的市场份额,产品在市场上能否立足的问题。主要包括:①经济环境。包括地区经济发展状况、产业结构状况、购买力水平、交通运输条件、科技发展动态、相关法律法规及经济政策等。②自然地理环境和社会文化环境。包括当地的气候条件、自然条件、生活传统、文化习俗和社会风尚等。③竞争环境。调查竞争对手的经营情况和市场优势,目的是采取正确的竞争策略,实行产品差异化策略,与竞争对手避免正面冲突、重复经营,形成良好的互补结构。

(二)市场需求调查

市场需求调查主要是掌握新市场对农民专业合作社产品需求数量以及需要偏好的信息。主要包括:①消费者规模及其构成。主要是消费者人口总数、人口分布、年龄结构、性别构成、文化程度等。②消费者家庭状况和购买模式。主要是家庭户数和户均人口、家庭收支比例和家庭购买模式。家庭是基本的消费单位,众多商品都以家庭为单位进行消费。了解消费者的家庭状况,就基本上掌握了相应产品的消费特点。③消费者的购买动机。大多数消费者的购买动机是求实用、求新颖、求廉价、求方便、求名牌。在调查消费者的各种购买动机时需要注意,消费者的购买动机是复杂多变的,有时真正的消费动机被假象掩盖,调查应抓住主导消费的真正动因。

(三)产品供给调查

农民专业合作社的产品大多有一定的生长周期,如经济林木，从栽种到投产，再到盛产、老化有一定周期，同时不同年份之间产量也有所差异。通过产品供给调查，利用林木生产周期及时调整农民专业合作社产品生产结构，提高经济效益。

主要包括：①了解本社的产品质量情况和产品结构，防止伪劣产品进入市场。要考察农民专业合作社经营产品的品种型号是否齐全、货色是否适销对路、存储结构是否合理、选择的产品流转路线是否科学合理。②产品的市场生命周期。任何一种产品进入市场，都有产品的经济生命周期。在市场调研中，要了解自己的产品处于市场生命周期的哪个阶段，以便按照产品生命周期规律，及时调整经营策略，改变营销重点。③产品成本、价格。通过对市场上相同或类似产品价格变动情况，掌握价格变动规律，做到心中有数，应对有方，确保产品销售渠道顺畅、市场稳定。

（四）流通渠道调查

农民专业合作社的产品要实现其价值，必须从生产领域进入流通领域。按照农产品流通环节划分，流通渠道调查包括：(1)批发市场。首先农民专业合作社资金财力有限，无法单独设立一个直接销售部门；其次由于农产品贮藏时间非常短，通过批发市场建立的分销渠道点多面广，能够迅速采购农产品，降低了市场风险。分为两种形式：独立批发市场（取得农产品所有权后再批发出售商品的市场）、经纪人和代理商市场（对销售起牵线搭桥的作用，不取得商品所有权）。(2)零售市场。农产品专销店、超级市场、方便商店、仓储商店等。近年来发展迅猛的农超对接零售业，往往第一时间反映出消费者需求。(3)生产者自销市场和农贸市场。农民专业合作社应重点掌握自销和农贸市场产品交易额、交易种类、品种比重等方面的信息，以分析其对市场主渠道的影响。

第二节 农业市场营销

一、市场营销的概念

市场营销是指农民专业合作社选择目标市场，通过提供、出售产品，以满足消费者需要，获得、保持和增加消费者，并从中获取产品价值和自身利益的一种管理过程。

（一）市场营销是一种创造性的行为

市场营销活动形式上是在出售产品，实质上是为满足消费者需要而进行的创造性活动。市场营销不仅要寻找已经存在的需求并满足需求，而且应当激发和调动消费者潜在的需求，让广大消费者认同并接受农民专业合作社的产品和服务。

（二）市场营销是一种自愿交换的行为

买卖是双方自由交换产品或劳务。通过买卖，交换双方都取得了回报，满足其自身需要。所以，交换是市场营销的基础，市场营销是一种自愿交换的行为。

（三）市场营销是一种满足需要的行为

市场营销的核心是满足消费者的需要。满足消费者的需要和欲望，是农民专业合作社市场营销工作的出发点，所以，市场营销是满足消费者需要的行为。

（四）市场营销是一个系统的管理行为

市场营销不仅包括农民专业合作社在生产销售产品（或劳务）之前的经济活动，如生产环境信息搜集、市场调研、市场机会分析、选择目标市场、产品开发等，而且包括进入销售过程的一系列经济活动，如产品定价、选择销售渠道、开展促销活动、提供销售服务等，以及售后服务、信息反馈。市场营销并不局限于流通范畴，而且涉及生产、分配、交换和消费的整个经济活动，是一项系统工程。

（五）市场营销是一种实现目的的手段

市场营销的直接目的是获得、保持和增加消费者，最终目的是为农业专业合作社及其成员争取最大利益。在市场经济条件下，农民专业合作社是以盈利为目的的经济组织，通过开展市场营销，不断扩大消费群体，提高产品的市场占有率，最终实现经济效益的提高。

（六）市场营销是一根联结社会的纽带

市场营销活动必须权衡和兼顾农民专业合作社的利益、消费者的利益和社会利益，农民专业合作社才能实现持续、稳步的发展。

二、市场营销的任务

农民专业合作社市场营销活动，是在不断满足消费者需要的前提下，通过对需求的调节实现其营销目标。市场营销的任务就是管理和处理需求并建立可盈利的顾客关系，即需求管理和顾客管理。

（一）需求管理

市场需求状态总是不断变化的，农民专业合作社的市场营销活动要针对不同的需求状况，采取相应的营销策略和制定相应的营销任务，满足消费者的需求和欲望。

一般而言，市场有8种典型的需求状态：①无需求状态下市场营销的任务；②潜在需求状况下市场营销的任务；③负需求状况下市场营销的任务；④充分需求状况下市场营销的任务；⑤下降需求状况下市场营销的任务；⑥不规则需求状况下市场营销的任务；⑦过度需求状况下市场营销的任务；⑧有害需求状况下市场营销的任务。由此可知，市场营销管理的任务，就是面对不同的需求状态，采取不同的营销方式，以适应市场需求的变化。

(二)顾客管理

管理需求的结果是对顾客的管理。农民专业合作社的需求来自两组顾客——新顾客和旧顾客。农民专业合作社市场营销的任务，不仅是设计市场营销策略来招揽新顾客并达成与新顾客的交易，而且更重要的是要保住现有顾客，建立持久稳固的顾客关系。

农民专业合作社与顾客之间存在五种不同层次的营销关系，在不同层次上保持不同的顾客关系，花费的成本也不同。

(1)基本型营销。销售人员出售产品后不再与顾客联系。这是大多数农民专业合作社采用的传统营销。虽然花费的成本较小，却不利于农民专业合作社与顾客保持良好的关系。

(2)反应型营销。销售人员出售商品的同时，鼓励顾客向农民专业合作社反馈意见，提供改进建议。只有当产品出现问题或顾客反映不满意时，才与顾客建立关系。

(3)可靠型营销。销售人员在出售产品后主动与顾客沟通联系，了解顾客的期望，征求顾客的意见，不断改进顾客关系。

(4)主动型营销。销售人员经常与顾客联系，介绍产品用途或开发的新产品。

(5)合伙型营销。销售人员与顾客一直保持畅通的联系，探寻影响顾客消费的营销方式，帮助顾客寻找实现消费的最佳途径。

后三种都属于主动型市场营销，有利于建立稳定的、持续的、友好的、可盈利的顾客关系。农民专业合作社要加强顾客管理，积极推行主动型市场营销，不断改进和完善顾客关系，不断拓展国内外市场。

第三节 农业市场建设

一、市场建设的概念

市场建设是指在政府的扶持和指导下，通过大型超市、商业企业、农产品流通企业等，与农民专业合作社建立起农产品稳定购销合作关系的市场模式与市场平台的总称。加强农产品市场建设，对农民专业合作社的营销工作将会产生如下积极作用。

（1）市场建设有利于发挥商业企业在消费信息、管理能力等方面的优势，通过物流配送、生产技术、产品销售等手段介入农民专业合作社的生产、销售等多个方面，实现小生产与大市场的衔接。

（2）市场建设有利于农产品生产的全程质量监控，形成优质农产品品牌，提高产品竞争力，确保农产品质量安全。

（3）市场建设有利于减少流通环节，搞活农产品流通，降低交易成本，增加农民收入，推进现代农业发展和新农村建设。

二、市场模式

（一）订单农业模式

农产品市场流通主体与农民专业合作社通过签订产品订单，实行契约收购，建立起稳定、长期合作的产销合作关系。

（1）规范订单。订单的内容要涵盖双方的权利和义务、履约方式、违约处理等条文和规定，使用统一合同格式，明确流通企业和农民专业合作社都是合同主体，其他第三方不能包办代替。

（2）法制观念。订单合同是联结农民专业合作社和市场主体的有效形式，一经签订，双方必须认真履约，主张权利，承担义务，严格遵守订单合同。

(二)农超对接模式

各类连锁超市与农民专业合作社合作，通过建立直接采购基地，直接采购农民专业合作社及其成员产品，构建长期、稳定、紧密的对接合作关系。

(1)超市主导型对接模式。超市利用对农产品需要信息的灵敏反应，出资金、出技术主导农民专业合作社生产过程，帮助农民专业合作社建立农产品生产基地，在此过程中超市方一直居于主导地位。如家乐福从 2007 年开始就一直同全国各地的农民专业合作社合作，推行"直采模式"，还对农民专业合作社进行专题培训，提高农民专业合作社的管理水平，使农产品生产达到国家安全标准。

(2)合作社主导型对接模式。农民专业合作社发展到一定程度后，把流通环节作为自身产业链条的一部分加以延伸和拓展，采用连锁经营、统一配送等现代流通方式，在对接中农民专业合作社居于主导地位。这种对接模式大都是农产品安全程度较高，品牌意识较强，仓储冷库建设较为先进，运输营销手段较为便利。如四川省都江堰市禹王莲花湖奇异果合作社引导成员规范化种植，标准化生产，通过了欧盟良好农业操作认证，家乐福、麦德龙等国际连锁超市都期望与其合作。又如郫县锦宁韭黄专业合作社在政府的支持下，加强农产品冷库建设，建立蔬菜配送中心，把当地所有蔬菜品种联合起来统一包装、制作和配送，解决农民专业合作社与超市对接中农产品品种单一的问题。此外，四川省都江堰市、蒲江县、安岳县、龙泉驿区、眉山市五家水果专业合作社，与甘肃省和江西省的两家农民专业合作社建立"联合社"，实现信息、设施、谈判等资源共享，以联合社身份参与超市谈判，拿到订单后，再分派给每家农民专业合作社；联合社按利润的 20％提取费用，用于联合社市场开拓。

（三）农产品流通企业介入型对接模式

（1）合作社弱势型对接模式。农民专业合作社的市场营销功能在不完善的情况下，把营销功能从农民专业合作社中分离出来，由专门公司负责接洽业务及谈判，并承担产品品牌开发，实现与超市对接。如都江堰市禹王生态农业公司做营销先锋，申报原产地认证，设计新颖包装，使农民专业合作社产品进入欧洲市场。

（2）超市弱势型对接模式。一般中小型超市，因其实力还不足以建立配送中心，只有通过产地批发市场购买大宗农产品。

三、市场平台建设

农民专业合作社市场平台建设是指各级政府和有关部门通过提供产品交易场所、市场信息服务、产品促销推介活动等形式，为实现农民专业合作社产品销售所创造的营销条件。

（一）农民专业合作社产品直销市场

各级政府和有关部门在连锁超市、农贸市场、便民店、社区菜点、平价超市等市场内划定专门的农产品直销区域，搭建直销平台，为消费者提供安全、质优、新鲜、价格合适的农产品。此外，农民专业合作社产品还可以直接进入学校、军队、企业、机关等消费场所。

（二）市场信息服务

通过广播、电话、报纸、电视、网络等信息服务工作平台建设，实现信息共享，解决信息服务"最后一公里"的问题。如当前四川省重点抓的省农信网、"新农通"等信息平台建设工作。

（三）产品展示展销活动

近年来，四川省通过"中国农交会""珠恰会""西博会""西部农交会""农民专业合作社农产品新春大联展"等方式，加大农民专业合作社产品宣传力度，扩大销售半径，提高市场占有率，拓展了农产品市场。

(四)强化农产品"绿色通道"建设

四川省对鲜活农产品运输实行"绿色通道"政策，对整车合法装载鲜活农产品的运输车辆免收车辆通行费。

(五)加强农产品市场秩序监管

严厉打击坑农害农、串通涨价、囤积居奇、欺行霸市等行为，保证市场秩序平稳运行。

第四节 农业专业合作社的营销理念

一、农业专业合作社的激励机制

20世纪50年代后期，美国的行为科学家弗雷德里克·赫茨伯格（Fredrick Herzberg）提出了双因素论，也叫"保健因素—激励因素理论"。该理论认为，引起人们工作动机的因素主要有两个：一是保健因素，二是激励因素。只有激励因素才能给人们带来满意感，保健因素只能消除人们的不满，但不会带来满意感。

保健因素是指工作环境和条件因素，如企业组织的政策和行政管理、基层人员管理的质量、与主管人员的关系、工作环境与条件、薪金、与同级的关系、个人生活、与下级的关系和安全等10个方面。虽然这些因素不能直接激励员工，但缺少了它，员工一定会不满意，就会产生消极懈怠情绪，直接影响工作效率。

而激励因素则往往与工作本身的特点和工作内容有关，如工作成就、工作成绩得到承认、工作本身具有挑战性、责任感、个人得到成长、发展和提升等六个方面。这类因素对员工能起到直接的激励作用。它们的改善，或者说这类需要的满足，往往能给员工以很大程度的激励，产生工作的满意感，有助于充分、有效、持久地调动他们的积极性。

在具体的管理实践中，这两个因素也会相互转换。像平均分配的工人工资、奖金等福利待遇是纯粹的保健因素，起不到激励作用。相反，如果待遇与个人工作实绩挂起钩来，就会产生明显的激励效果。尽管表扬嘉奖是激励因素，但如果标准不严，搞平均主义，轮流坐庄，激励因素也会大打折扣，甚至演变成保健因素，发挥不了任何激励作用。

企业经营中同样存在双因素论，尤其是企业经营的成败直接与这两类因素有关：保健因素和商业创意。所谓保健因素，是指某些经营方式和方法已经被公认为企业健康经营的起码要求，如果缺乏保健因素，该企业就失去了与对手同台竞争的资格。所谓商业创意，是指不可复制、难以模仿、独特的商业点子和经营理念等。

一般来说，经营失败的企业大都存在如下原因：①没有一个系统规划、定位明确的战略；②面对瞬息万变的市场反应迟钝；③组织涣散，不思进取，观念落后。因此，要扭转亏损局面，唯有做到：①重视客户及其不断变化的价值体系；②独特的营销卖点；③专业化经营；④不断调整经营策略，实行差异化；⑤重视人才的培养和投资等。

孙子曰："战势不过奇正，奇正之变，不可胜穷也。"在古代作战中，常以对阵交锋为正，设伏掩袭等为奇。就像古代兵法的奇正要术一样，保健因素为正，商业创意为奇，两者相互依存缺一不可。保健因素是对每个企业的基本要求，如果连基本资格都不具备必然被市场淘汰。要想经营成功，仅仅具备基本资格还不行，更要拥有独特卖点和核心能力，并集中体现在商业创意和经营创新上。

"出奇"即是创新，创新是企业生存的根本。追求以"奇"制胜的竞争理念无疑是现代企业创新的原动力之一。比如，农旅结合就是一种创新，它是延长产业链的商业创意。农旅结合是农业旅游，也称观光农业、乡村旅游等，它是利用农业美景和农村空间吸引游客前来观赏、游览、品尝、休闲、体验、购物的一种新型农业经营形态。

又比如，重庆万州区按照"围绕产业育龙头，延伸链条壮龙头"的思路，立足优势特色产业，带动产业优化升级，打造特色品牌，基本形成了一个品种树一个品牌，一个品牌连一个龙头企业的培育发展机制，极大增强了农产品的市场竞争力，从而带动了农业增效、农户增收。抓好双因素，提振产供销，实现两个文明同增长。

二、提高对客户的吸引力

根据吸引力法则，聚焦在你要的，你会得到，聚焦在你不要的，你也会得到。吸引力定律没有排他性，任何你所聚焦的都会被你的磁场吸引进来。一切缘分取决于你而不是别人。所以，必须加强学习和修炼，提升自己的人格魅力，创造机缘吸引客户。然后，动之以情，晓之以理，就可以迅速拿下客户。

（1）威逼利诱。这里的"威"绝对不是权威，而是一种影响力，一种人格魅力；这里的"利"，就是客户的内心渴望与本质需求。钱，不仅代表了货币，还代表了他们的渴望与需求。人为财死，鸟为食亡。有时候，一谈到钱，客户的眼睛就会一亮。而赚钱并非只有利润一种，降低成本，杜绝浪费，省钱也是一种赚。比如你可以这样吸引客户：这款烤炉省电30%，这款冷柜多保鲜一周，这套软件让你管理有序……

（2）借力打力，找到客户信任或认可的第三方。杠杆借力告诉我们，你想要做的事，在这个世界上可能早已经有人做到了；你做不到的事情，肯定也有人已经做到了。你只需要找到这些人，直接学习效仿，或者跟他们合作，就可以很快得到自己想要的。比如，你可以告诉客户，是他的某位亲友要你来的。其实，这也是一种迂回战术，因为每个人都有"不看僧面看佛面"的心理，所以大多数人对亲友介绍来的销售员都很客气。

（3）狐假虎威，借一些著名的公司或成功人士做范例。由于在很多时候，人们的购买行为常常会受到其他人的影响，因此，作为一名销售员，如果能把握和利用好客户的这层心理，一定可以收到意想不到的效果。比如，"丁老板，由于香港美心的龙经理采纳了我们的建议，公司的营业状况大有起色。"通过举一些著名的公司或人为例，可以壮自己的声势。如果你所列举的例子，正好是客户所景仰或性质相同的企业时，效果更佳。

（4）虚心求教。三人行必有我师。即使你懂得很多，依然要放低姿态不耻下问。当你真诚地向客户请教时，对方一定对你刮目相看。尤其碰到那些长者和成功人士，他们一般都有点好为人师，喜欢指导、教育别人，很愿意分享自己的人生经验。比如，可以这样引入，"徐老板，您是行业公认的专家。这是我们刚研制的新型隧道炉，请您多多指导，看看在设计方面还存在什么问题没？"无论是谁在受到这番抬举后，都会接过产品资料认真看看，一旦被其先进的技术性能所吸引，余下的跟进就简单了。

（5）出其不意。你就是世界的唯一，因此不要苛求自己和别人一样，要善用自己独特的推销方法与推销风格去吸引客户注意。有位日本的人寿保险推销员很聪明，仅用一张名片就引起不少客户的关注。在他的名片上，印有一个大大的"76 600"数字。每位看到这张名片的人都十分好奇："咦，这个数字是什么意思呢？"听此，推销员马上反问道："您知道自己一生中吃多少顿饭吗？"这个问题肯定谁也没有想过，推销员这时就有话可说："是76 600顿。假定退休年龄是55岁的话，再按照日本人的平均寿命来计算，到现在您还剩下19年的饭，即20 805顿。"

（6）东施效颦。尽量模仿客户的行为举止，人们通常喜欢和自己一样的人，比如共同的价值观和信仰，共同的爱好，如喜欢摄影、书法，或笃信佛教、基督教等。另外，贪便宜也是一大人性弱点，时不时来点小恩小惠，也是俘获客户的必杀技。一方面出于礼节和尊重，一方面也是拉近距离，让客户产生好感。

总之，标新立异，让客户关注你；投其所好，让客户喜欢你。

三、增长合作社的业绩

有了合作社，并非一劳永逸。2012 年年底，安徽五河县大新镇近万亩大白菜长势喜人，进入成熟期，尽管卖价低至每千克 1 角钱，仍出现滞销的尴尬。此外，像怀远石榴、蒙城大白菜等都曾出现过卖难问题，而当地各类合作社并不缺乏，这是为何？从根本上讲，还是生产者与千变万化的大市场之间对接不准、缺乏基本的营销技巧所致。

五河县农旺蛋鸭专业合作社，下辖怡浓工贸公司、新果食品有限公司等。该合作社理事长张永宜深有感触地说，合作社主要提供信息、技术、收购的服务，使生产标准化，使整个产业的稳定性增强，让客户能够得到优质稳定的产品。但是一头扎进茫茫的商海，需要市场灵敏度更高、销售技巧更高的销售人员来应对。

销售的刚性指标就是用业绩说话，其实，决定销售业绩高低的是销售行为，而销售行为又蕴含着销售理念和方法。这就是说，调整一下观念——绝不是销售业绩增长一倍就必须在销售过程中投入双倍的时间和经费，改变一个行为——提高 4 个比率的 20％，都有可能使销售业绩有很大的改变。

美国 TAS 营销咨询集团（The TAS Group）是一家总部在西雅图，研发中心在都柏林、客户中心在爱尔兰，办事处遍及美国各地的营销咨询集团。据 Aberdeen 集团调查显示，TAS集团 21％的客户大指标均已实现；使用 TAS 集团的解决方案，54％以上企业和销售人员的业绩均已达标。他们已经帮助

65 个国家超过 850 000 名销售人员，从小型私人公司到像施乐这类的市场领导者，柯达和阿尔卡特朗讯都是他们的客户。

CEO 多纳尔·达利(Donal Daly)认为，只要你愿意在销售行为上做小小的改进，你的销售业绩就可以增长一倍。这是因为，不同的改进对你的销售业绩有着累积影响。比如你现在的销售额是 10 万美元，在剔除 20％不好的潜在目标客户之后，你的时间使用效率更高了，业绩变为 12 万美元；在剔除 20％不是销售机会的目标客户之后，你的时间使用效率又提高了，业绩变为 14.4 万美元；在提高了 20％的成功转化率之后，业绩变为 17.3 万美元；在平均每一笔生意的金额提高 20％之后，业绩变为 20.7 万美元。多纳尔的方法如下：

（1）把识别目标客户的准确率提高 20％。目标客户的选择很重要，目标客户的质量越高，成交的可能性也越大。为了提高选择目标客户的准确性，你可以总结一下自己在哪些客户那里销售成功了，在哪些客户那里的推销失败了。对你的理想客户做一个素描，将其作为参照物，确定什么样的客户最不可能采购你的产品。现在看看你的目标客户列表，并且根据上面的标准找出哪些客户可能会购买。

（2）把放弃不合适客户的时间缩短 20％。即使你筛选过了销售目标客户的名单之后，仍然会有一些并不真的需要你销售的东西，或者没有钱采购的客户在这个名单上。在这些虚假的机会上浪费时间意味着挤占你花在真正目标客户上的时间。在你第一次和对方交谈的时候，就要问一问对方，"这个问题的重要性和紧迫性如何？""如果你不采纳解决方案的话，你会如何处理这个问题？"然后仔细地听听对方的答案。如果你提供的东西对对方来说并不十分重要的话，就尽快礼貌地结束谈话。

（3）把你的成功转化率提高 20％。显然，你成功赢得的机会越多，赢得的客户就会越多，销售收入也就会越多。虽然将你的成功率提高一倍或两倍是不可能的，但是每个人都可以提高 20％。提高成功转化率最简单的方法就是在和潜在客户的交谈中停止努力推销，而是仔细聆听"前进的信号"。把你对失败的恐惧丢到一边，也不要请求对方采购。

(4)把平均每一笔订单的金额提高20％。每一次销售花费的时间和使用的资源都是固定的，完成两笔10 000美元的生意比做成一笔20 000美元的生意所花的时间和精力要多得多。因此，当你跟进一个机会的时候，一定要不断思考你的企业还能够从哪些方面帮助该客户。这不是在追加推销，而是在为客户提供更好的服务。

四、品牌管理

品牌管理有两个重要内容，一个是品牌传播，如提高品牌的知名度、满意度和美誉度等；一个是品牌维护，如信用管理、危机公关等。挽回公司所损失的形象就是一种品牌维护，即针对外部环境变化给品牌带来的影响所进行的维护品牌形象、保持品牌市场地位和品牌价值的一系列活动。

"最安全的城市"是亚洲金融中心香港的城市品牌，岂料也有被人肆意践踏之时。居然有人胆敢劫持警队的一辆前线冲锋车以及车内的5名警员和武器装备，这不得不引起香港警队高层的高度重视。影片《寒战》系统展示了在突发事件中，管理处、行动处、公共关系科、廉政公署等各公务部门的运作协调情况。

危机事件发生后，适逢处长（王敏德饰）出访国外，此时由鹰派人物行动处副处长李文彬（梁家辉饰）与年轻的管理处副处长刘杰辉（郭富城饰）一起负责这个案件，并将行动命名为"寒战"，李文彬任总指挥。"相信自己的判断，非常时期，用非常的办法。警察最大的敌人从来都是自己！"冷静、克制、缜密、反思……如何做好危机公关，如何维护品牌形象，《寒战》给了我们许多启示。

(1)及时面对，真诚沟通。沟通必须以真诚为前提，如果不是真心实意地同公众、同媒体沟通，是无法平息舆论压力

的。影片中，当年轻的管理处副处长刘杰辉不知所措时，公共
关系科梁紫薇（杨采妮饰）根据专业知识建议其与鹰派人物行动
处副处长李文彬进行沟通，而不是自己单独思考独自面对。梁
紫薇建议刘杰辉主动与李文彬进行沟通，充分交流信息，通过
这种交流扫除信息盲点，从而找到解决问题的切入点。

（2）勇于担当，忠于职守。作为组织，一旦遭遇公关危机
事件，就应该坦然面对，勇敢地承担起自己的责任，切忌遮遮
掩掩、闪烁其辞，这样只会引起公众的反感；如能坦然面对，
把事实说清楚，相信公众是会理解的。影片中，当梁紫薇与李
文彬发生冲突时，李文彬要求梁紫薇无条件听从命令，执行交
代的任务，但梁紫薇始终坚持原则。在日常工作过程中，对于
领导交代的任务必须迅速响应以及执行。影片中梁紫薇的建议
没有得到李文彬采纳，即使李文彬大发脾气，但她依然坚持自
己的观点。有一点需要注意的是，梁紫薇始终坚持的是香港社
会的法治精神以及程序规则，是正确地违背领导命令。

（3）权威证实，人文关怀。企业应尽力争取政府主管部门、
独立的专家或权威机构、媒体及消费者代表的支持，而不要徒
劳地自吹自擂，"王婆卖瓜，自卖自夸"不可能取得客户信赖，
必须用"权威"说法，借"权威"来证明自己，别无捷径可走。影
片中，当刘杰辉的同事徐永基在执行任务遭遇意外离开时，刘
杰辉非常懊恼与低落。深夜，梁紫薇将刘杰辉开车送回家。在
这个过程中，梁紫薇将自身的细腻完全体现了出来，她的关怀
与细腻对于刘杰辉走出困境恢复战斗力起到了相当重要的
作用。

（4）系统运行，秩序控场。当危机事件发生后，组织与公
众的沟通至关重要，尤其是组织、与外部公众的沟通更为紧
迫。在处理整个危机事件的过程中，组织者要按照应对计划全
面、有序地开展工作。影片中，在保安局局长陆明华（刘德华
饰）接受香港媒体采访时，现场十分混乱，记者的问题一个接
一个，陆明华根本无法招架。这时，梁紫薇主动走到前面，向

记者说明提问要举手，问问题要按照顺序来；后来现场又失控时，梁紫薇再一次走到记者前，表达了同样的观点。

（5）坦诚应对，权威表达。作为组织，应主动向媒体及时提供相关信息，并通过媒体引导舆论；处理危机事件过程中取得的每一步进展都及时让媒体了解。影片中，在记者没有遵守规定时，保安局局长陆明华主动停止讲话，直到恢复秩序为止。其讲话简明扼要，铿锵有力，具有很强的现场操控能力。对于不在自己职责范围内的工作，不做直接回答，进行很好的规避以及转移，值得学习。

未来营销将是品牌之战，是为获得品牌主导地位而进行的竞争。企业和投资人将品牌视为企业最有价值的资产，可见品牌的重要性。品牌概念描述了如何培养、强化、保护和管理企业等现象。对投资者来说，拥有市场比拥有企业更重要，而拥有市场的唯一途径是拥有占据市场主导地位的品牌。品牌传播有四大要素：传播的主体、对象、渠道及内容，对此四要素相互关系的深入研究、科学运用，必然会使品牌传播这项长期的系统工程达到高效的目标。

2007 年，养殖能手江金德联合当地 198 名渔民共同出资 8 950 万元，组建了余干县赣鄱特种水产养殖营销专业合作社，主营从事罗非鲫鱼专养、泥鳅精养、斑鲑、银鱼、螃蟹、白鱼、长嘴鳎鱼、黄鳝、鲑鱼、鲶鱼、乌鱼、黄丫头鱼，以及四大家鱼的养殖营销。合作社拥有瑞洪镇、玉亭镇、江埠乡、枫港乡、鹭鸶港乡、洪家嘴乡、信丰垦殖场等乡镇的养殖水面 7 000 多亩。

品牌是给拥有者带来溢价、产生增值的一种无形资产，它的载体是用以和其他竞争者的产品或劳务相区分的名称、术语、象征、记号或者设计及其组合，增值的源泉来自于消费者心智中形成的关于其载体的印象。品牌是制造商或经销商加在商品上的标志。它由名称、名词、符号、象征、设计或它们的组合构成。一般包括两个部分：品牌名称和品牌标志。

商标是品牌先行的基础。常言道：兵马未动，粮草先行。在赣鄱特种水产养殖营销专业合作社理事长江金德眼里可不是这样，他把决定商场胜负的品牌看作关键要素——粮草。于是，在组建赣鄱专业合作社后，江金德就非常注重品牌建设和传播，他与社员集思广益、自行设计，向国家商标局申请注册了"太祖"商标，为后续的品牌传播打下坚实基础。

资源是品牌先行的关键。该合作社根据自己的优势资源，向国家商标局申请核定的"太祖"商标使用商品属第31类，有活动物、贝壳类动物(活体)、鱼卵、活鱼、龙(活体)、虾(活体)、多刺龙虾(活体)、海参(活体)。根据当地的资源特点，该合作社坚持走绿色环保型、生态型、循环经济型的发展道路，实行养殖、种植相结合的立体种养模式，实现资源的循环综合利用和经济效益、环境效益最大化。

管理是品牌先行的保障。该合作社从提高水产养殖户组织化程度入手，一方面积极推行"合作社＋养殖场＋养殖户"和"三统一"(统一品牌、统一收购、统一销售)的运作模式，采取定点采购苗种，统一订购饲料、渔用药物等措施，既发挥了团购优势，降低了生产成本，又避免了乱采购、乱用药现象，确保了产品质量；另一方面，建立"抱团取暖"的渔业经济发展机制，实施"信息共享、技术互通、捆绑经营、品牌发展"战略。

营销是品牌先行的利器。该合作社通过市场化运作，将养殖散户和小户联合起来，形成了"拳头"效应，集体参与市场竞争，既降低了社员的养殖风险，又大大提高了对水产品价格的话语权，给广大水产养殖户带来了可观的经济效益。专业合作社还把营销搞得红红火火，水产品远销福建、浙江、江苏、上海、山东、贵州、四川、湖北等地。合作社有了自己的品牌和网络销售渠道，过去的水产销售仅仅停留于"口口相传，熟人搭桥"，现在是"鼠标一点，合作社的水产信息便四处传遍……"

传播是品牌先行的必然。合作社通过中国农业信息网、中国渔业报、江西省政府网、中国企业报、中国水产养殖网、中国农民专业合作社网、中国现代农业网、今视网等新闻媒体，分别以《余干水产养殖户"抱团"做品牌》《"太祖"商标获国家商标局注册》《江金德，和社员一起设计商标的水产人》《余干数千水产养殖户抱团谋发展》为题，对合作社和江金德进行了宣传报道，为合作社的"太祖"品牌传播摇旗呐喊，推波助澜。

兵马未动，品牌先行。品牌推广有两个重要任务，一是树立良好的企业和产品形象，提高品牌知名度、美誉度和特色度；二是最终要将有相应品牌名称的产品销售出去，比较常用的方式有广告宣传、公共关系、销售促进传播、人际传播等。品牌策略为赣鄱专业合作社带来了巨大收益。2012 年，合作社的养殖产值达到 1.8 亿元，年销售量 5 000 吨，销售额近 2 亿元，合作社成员人均年收入 50.5 万元，远远高于非合作社成员。

第五节　风险与农民的经济合作

一、"过密化"条件下的小农经济

(一)"过密化"理论

吉尔茨(Geertz)在分析印度尼西亚爪哇地区的水稻生产时，发现由于农业无法向外延扩展，致使劳动力不断填充到有限的水稻生产过程，他用"内卷化"的概念描述在外部条件受到严格限制的条件下，内部不断复杂化和精细化并获得刚性的农业生产状态。他写道："爪哇人自己不可能转变成为资本经济的一部分，也不可能把已经普遍存在的集约化农业转变为外延性的农业。因为他们缺乏资本，没有能力剥离多余的劳动力，外加行政性的障碍，使他们不能跨越他们的边界(因为其余的土地上种满了咖啡树)。就这样，慢慢地、稳定地、无情地形成了 1920 年 Sawash 的劳动力填充型(Labor-stuffed)的农业模式：无数的劳动力集中在有限的水稻生产中,特别是在因甘蔗种植业而改善了灌溉条件、单位面积产量有所提高的地区。1900年以后,即使旱作农业有所发展,人们的生活水平也只有非常小的提高。水稻种植由于能够稳定地维持边际劳动生产率,即更多劳动力的投入并不导致明显的人均收入的下降,至少是间接地吸收了西方人进入以后所产生的几乎所有多余人口。对于这样一个自我战胜的过程,我称之为农业的'内卷化'"[1]

美籍社会经济史家黄宗智将吉尔茨"内卷化"理论理解为"劳动(力)的边际报酬递减""内卷的要旨在于单位土地上劳动投入的高度密集和单位劳动的边际报酬减少"相应的发展出"过密化"理论,以此理论为核心,他考察了华北和长江三角洲地区小农经济的发展与社会变迁,发现了农业生产长期以来处于不断重复的简单再生产状态,实质是农业的极端密集经营导致边际报酬递减。黄宗智把农村经济变迁分为三种情况:"首先是单纯的密集化,产出或产值以与劳动投入相同的速率扩展;第二种是'过密化',总产出以单位工作日边际报酬递减为代价的条件下扩展;第三种,发展,即产出扩展快于劳动投入,带来单位工作日边际报酬的增加。"黄宗智认为,"过密化"是一种"没有发展的增长",从明清一直延续到1980年我国农村社会改革,直到乡镇企业从农业中抽走了过剩的劳动力,"过密化"现象才有了质的改变。[2]

(二)小农经济的定义及一般性特征

小农指的是以家庭内的劳动力来从事生产,以家庭为单位做出生产决策,既是生产者,又是消费者,直接依赖农业产出

---

① Geertz, Clifford. Agricultural Involution : The Process of Ecological Change in Indonesia[M]. Berkeley : University of California Press. 1963:80~82.

② 黄宗智. 长江三角洲小农家庭与乡村发展[M]. 北京:中华书局,2000:52.

维持生存需要的群体。

小农经济指的是"农业中的个体经济，即以小块土地个体所有制为基础，从事个体劳动的自耕农。不过，通常所说的小农经济，主要是从经营规模和个体劳动而言的，不限于生产资料的个体所有制，在这个意义上，地主制下租种小块土地的佃农，也都是小农经济。在实行土地国有制的地方，那些分种小块耕地的农民，也都是小农经济"①。从以上的界定可以看出，小农经济的本质在于：农业活动中，土地或资本经营的小规模。小农的特征表现为：一是低水平生产率。小农的产出很低，对生计安全有强烈的需求。二是低专业化程度，缺乏现代农业的生产机制。三是低市场率。其主要生产要素——土地和劳动力不是从市场上购买的，他们所生产的产品很大一部分由于自给，不向市场出售。

（三）农业领域的新变化和"过密化"理论的适用性

市场化条件下小农经济是否还存在呢？

目前农业领域发生的变化：第一，农业劳动力大幅提高，1978—2004 年，按不变价格计算的人均农业生产总值增加了 7.6 倍。第二，农业产业结构多元化，农业不再是单一的粮食种植业为主的发展路径，随着城乡食品结构的改变和生活方式的健康化，以粮为主转向粮食、肉—鱼、蔬—果兼重，果蔬、肉鱼在农业总产值中的比重不断增加。第三，农村就业结构多元化，农业不再是农村人口的唯一选择，到2004 年，农村人口就业结构为农业 61.6%，工业 10.9%，建筑业 6.8%，商业、服务业及其他为 20.7%（总就业人口为 49 695.3 万人）②。

"过密化"理论成功地解释了明清以来江南和华北地区的小农经济存在的原因，在市场化日益对农民形成冲击力的今天，

---

① 许涤新. 政治经济学（上）[M]. 北京：中国经济出版社，2002(59)

② 陈春生. 中国农户的演化逻辑与分类[J]. 农业经济问题，2007(11)

这个理论是否还有适用性？当前农业社会是否还存在过密化的现象呢？"过密化"理论对农村社会的解释力是否下降了？黄宗智把今天的农业称为制度化了的过密型农业，他认为，过去的"男耕女织"是个非常牢固的经济体；今日已经形成了一个可能同样牢固的半工半耕的经济体。我们也许可以把这个状态称为"僵化了的过密型农业经营"。同时，因为它是个被国家政权制度化了的东西，也许更应该称作"制度化了的过密型农业"①。因此，在市场化条件下，"过密化"理论依然适用，原因如下。

（1）人口的持续压力的逻辑前提依然存在。黄宗智的"过密化"理论是以人口的持续压力为外生变量的，改革30多年来，农村人口状况发生了很大的变化，无论是从绝对数量上还是从占总人口的比例上都不断下降，变动趋势如下：一方面，农村人口自然增长率逐年下降导致人口增长数量下降。下降政策性的人口控制产生了显见的效果，自然增长率逐年下降，农村人口在绝对数量上继续下滑。另一方面，人口迁移流动导致实际农业从业人数下降。农村社会改革后，农民得以自由流动，当今社会的小农越来越深地卷入到开放和流动的社会化体系中来，农村实际常住人口自1996年来以每年1 000万人的幅度下滑，大量农业人口持续向城市转移，城市不断吸纳这一部分剩余劳动力。目前，关于农村劳动力转移的数据主要是根据五次人口普查而来，由于流动人口有统计难度，具体数据很难有一个统一的结论，但大部分学者都接受全国流动人口过亿的观点，这些流动人口主要是由农村人口组成的。根据黄宗智先生的估计，2003年年底"离土离乡"异地转移的农民工将近1亿人（0.98亿人），"离土不离乡"就地转移的农民也达到1亿人。在共约5亿（4.90亿人）"乡村从业人员"中，约有2亿人（占40%）从事非农业，3亿人（3.13亿人）从事农业②。

---

① 黄宗智. 制度化了的半工半耕过密型农业[J]. 读书，2006（2）
② 黄宗智. 制度化了的半工半耕过密型农业[J]. 读书，2006（2）

伴随着农业从业人口减少的趋势，耕地面积也呈现持续减少的趋势，生态退耕、农业结构调整、建设占用和灾毁是耕地面积减少的主要因素。据统计，我国耕地资源数量日趋减少，1996 年，我国有耕地 19.5 亿亩，2006 年我国耕地就已减少到了 18.27 亿亩，10 年里净减少 1.23 亿亩，平均每年减少 1230 万亩，人均耕地由 1998 年的 0.11 公顷/人，降低到 2006 年的 0.09 公顷/人，耕地数量的减少伴随着耕地质量的降低，优质耕地被大量占用，水土流失、生态环境等因素形成隐患，见表 4-1。

表 4-1　各国人均耕地及农业劳动者人均耕地规模比较

项目	时期	美国	加拿大	澳大利亚	英国	日本	韩国	荷兰	中国
可耕地	1979—1981	0.83	1.86	2.97	0.12	0.04	0.09	0.06	0.10
（公顷/人）	1994—1996	0.71	1.54	2.65	0.10	0.03	0.08	0.06	0.08
单个农业劳动	1979—1981	111.0	92.2	119.0	26.2	12.10	0.60	6.40	1.10
者占有的耕地	1992—1994	118.2	173.9	107.4	28.2	7.50	0.50	6.40	1.00

资料来源：The world Bank. World Development Indicators. Development Data center of World Bank. 1998－2000.

（2）高密度农业投入下劳动力日边际报酬递减的特征依然存在。在传统的农业社会，农业部门的外延性受到限制，同时由于劳动力跨界转移几乎没有可能，因此，农业劳动力的机会成本很低，甚至为零。不断增长的人口只能在有限的土地上劳作，耕作趋向精细化和复杂化，力图在农业内部自我消化不断增加的劳动力，农业剩余也被增加的人口吞噬，农业没有积累去发展，农业处于一种"自我剥削"的状态。

目前，由于土地市场和劳动力市场的不完备，同时由于土地的潜在增值价值的存在，农民虽然选择离乡打工，但不会轻易放弃土地。相对于土地的实际价值来说，农民在土地上的投入（或不投入）相对其应有的产出来说，也是比较低的。因此，劳动力市场和土地市场同时出现缺陷，农民的行为会发生扭曲，会过多的在土地上投入劳动力，致使其影子工资低于市场工资，从而产生自我剥削。这种倾向在小农户身上更为普遍，小农户比大农户倾向在土地上投入更多的劳动时间，因为他们的影子工资低于大农户[①]。

（3）小农经济的"拐杖"现象依然存在。在黄宗智的分析中，农业生产要靠家庭手工业生产来补充，农业和手工业像两只维持小农的生存的"拐杖"，这种互补的家庭生产模式使农业社会处于低水平的稳定状态。

在目前的状态下，"拐杖"现象依然存在，不过表现方式与前有所不同，农民以农业和外出打工两种方式维持生活，即半工半耕的方式。由于人地比例的失调，农业收入不足迫使农民外出打工，打工只是临时的状态，农民最终都要选择回流农村，并没有放弃土地。农民进城打工的风险很大，如低工资、恶劣的居住环境、子女上学及歧视等问题的存在，迫使农民依赖家里小规模土地为生存底线和保险。虽然市场为农民提供了打工的选择，但现有的制度本质上是把农民附着在土地上，造成规模小、报酬低的农业制度与临时的农民工制度卷在一起，形成半工半耕的制度逻辑。

（四）市场化与过密化条件下小农家庭风险的放大

农户仍然是分析农村社会的基本单元，对这个"细胞"的剖析较之从前更为复杂，但是一些基本的内核还是得保留，小农家庭的一些基本特征仍然存在。首先，我国农村实行以家庭经

---

① 姚洋. 土地、制度和农业发展[M]. 北京：北京大学出版社，2004：37

营为主的联产承包责任制，在现有的经济环境下，这个制度还将存续很长的时间。其次，农村土地规模狭小，土地细碎化是由刚性的土地制度决定的，难以根本改变，加之土地流转的诸多障碍影响了连片经营，难以形成规模效应。

虽然小农的基本内核依然存在，但是外部社会环境的改变，使得小农传统的生产方式不可避免地卷入到社会化体系中，与传统小农相比，当今农户对外部社会的依存度越来越高，小农面临一个更不具有确定性的状况。市场化放大了小农面临的风险，这些放大小农家庭风险的因素有：第一，市场化导向的改革使农民直面许多新的风险，随着市场化的进行，原有的农村初级医疗保健网崩溃，高昂的教育收费制度超出一般农村家庭的承受能力。第二，市场不可得性和不完全。劳动力市场、商品市场、要素市场不完全。农村社会的资本市场、信贷市场、保险市场等风险管理的正规制度极其缺乏。在良好的资本市场体系中，市场主体可以通过套期保值、投机和保险等形式有效地消除和分散风险，使风险带来的损失最小化，在农村，资本市场发育不良，甚至是完全缺失的。2006年我国期货交易量仅占全球总额的1.9%，农产品期货市场对农产品价格没有起到有效的稳定作用，市场效率偏低。保险业在农业领域的发展仍然十分薄弱，由于农业产业的特殊性，风险发生概率大、频次高、评估困难及信息不对称，使农村保险业的发展十分滞后，农业风险难于通过资本市场消化和转移。第三，风险管理制度供给不足。包括政府的农业保护和农业支持政策供给不足和社会保障体系的缺失；一方面，农产品价格保护制度、农产品缓冲储备体系等较为有效的农业保护和农业支持政策体系尚未建立；另一方面，农村社会保障主要是以土地的替代功能发挥作用。第四，农户自身或社区的资源局限性。

二、小农家庭风险识别

小农家庭风险与农业风险的概念是不完全一样的，前者是一个更加宽泛的概念。农业风险分为自然风险、市场风险和契约风险等，主要是发生在生产过程和与生产过程密切相关环节的风险。小农家庭的风险涵盖了生产和生活的各个方面，既包括与生产过程相关的农业风险，也包括生活中的风险，诸如疾病、养老等风险的冲击。由于农户既是生产者，又是消费者，面对的风险大于纯消费者和纯生产组织。加上资源的可得性和小农从事产业的脆弱性，受到风险冲击的概率较其他群体更大。

（一）小农家庭资源禀赋及约束

对风险类型的划分，以温伯格（Weinberge）的归纳具有代表性，他根据风险源把风险分为生产风险、健康风险、社会风险和制度风险四大类。在本书中，当把农户作为一个风险主体来分析时，只注意到农业风险显然是不够的，在农户对风险认知中，生活方面的风险往往是农民关注的重心。制度作为外生变量，对生产、健康和社会方面的风险均发生作用，因此在给定的制度框架下，根据农民现有的资源禀赋，把风险划分为生产领域和生活领域的风险，这样的划分并非有绝对的界限，它们往往交织在一起，对农民的生产和生活决策起到联动的作用。

农户的风险分为生产环节的风险和生活环节的风险，这些风险与农户的资源禀赋有很大的关系，为了便于描述小农家庭风险，首先确定农户的资源禀赋，发展了一个风险与脆弱性分析框架，这一框架将农户的各类资源、收入、消费以及相应的制度安排很好地纳入到一个体系之中，系统地说明了小农家庭通过拥有、运用和处置这些资源禀赋来维持生存及增加收益。这些资源产生收入的方式是多样的，既可以单独产生收益，又可以通过组合产生收益。在这个过程中，农户的行为选择和活动类型受到多方面因素的影响，公共政策、制度安排提供了一个框架，在农民利用这些资源产生收益的过程中，各类市场的可接近性、市场的完善性等对收益产生影响。以下是小农户的资源禀赋及约束。

（1）人力资本。主要是现有的劳动能力和农业生产技巧，也包括投资于自身和子女的教育。由于营养状况较差及医疗的不可得性，农民更容易受到疾病的侵扰，对主要依靠劳动力为收入的家庭，主要劳动力的丧失是灾难性的。另外，由于受教育程度较低，前期的人力资本投资少，从事非农产业的农民也更容易受到失业的冲击。

（2）土地资本。土地资本是小规模农户的主要资源禀赋，但由于土地制度不稳定性，如权责不清、频繁调整和廉价征用等，使农民对土地资源的控制力弱化。

（3）物质资本。小规模农户的物质资本存量一般都较低，主要是房屋、耕牛、粮食储备等，一些不可预计的因素如自然灾害导致的资产损毁，粮食储备的风险来自市场波动和自身损耗。

（4）金融资本。农户的收入特征不同于固定工资收入者，一方面是农业生产的较长周期，在这个周期中，农民必须把一部分资金用于生产投资；另一方面是农民的收入受市场波动的影响，稳定预期较差。农民的收入流是一个随机变量，收入的不确定性在农户必须支出之间往往是风险的来源。农民主要通过储蓄的方式将不定期获取的收入转换为平滑的消费支出，但这一手段对积累率较低的农户不足以应对风险，尤其不利于生产的扩大经营，因此将后期收入转移到前期来应对风险更为有效果，及时的金融贷款对农户风险平滑的作用较大。但农户从正式的金融机构获得贷款有很大的限制。从金融机构方面看，农户的小规模经营使金融机构面临很大的交易成本；从农户方面看，由于土地的产权性质，以土地为抵押的贷款不可行，因此，获取金融机构贷款对小规模农户来说是不可能的。农民主要通过狭窄的社会网络获取少量的无息贷款，或通过非正式渠道的农村高息贷款，前者的资金约束和后者的高利率对农民金融资本的利用构成约束。同时，经济周期的宏观性波动对农户同样会受到冲击，如由于通货膨胀等原因导致的贬值。

（5）社会资本。社会资本是建立在信任和互助合作基础上的社会关系网络，具有社会结构资源的性质。例如，依靠社会网络内的互惠性收入转移进行消费平滑，亲朋好友间的无偿援助和无息贷款就属于此列。由于社会资本是一种非正式制度安排，没有明确的权利义务约定，也缺乏强制实施机制，由于市场对农民阶层的分化作用，同时农村剩余劳动力开始自由流动，农村劳动力的机会成本逐渐趋于不一致，依靠以道德为制约的社会资本供给难于抑制农民的经济理性决策。依靠网络内社会资本存在承诺或信用的不稳定性的风险。

（6）公共物品。包括农村基层行政管理、社会治安、农村计划生育、农村公共卫生、农村社会救济等，也包括准公共产品，如大江大河治理、防洪防涝设施建设、水库及灌溉工程、道路建设、电网改造、农村保险、农业科技成果推广、自来水供应等。在计划经济体制下，农村建立了初步的社会保障系统，如五保供养、困难救济、合作医疗、初级教育等，尽管这些保障是低水平的，但在一定程度上分摊了风险。随着农村社会的改革，原有的保障制度随着集体经济的削弱而瓦解，新的社会保障制度没有建立，加上由于长期的城乡分治的二元经济结构和管理制度，造成农民发展外部性的不平等，不像城市一样拥有比较健全的公共产品供给和服务体系。因此，农村公共产品供给不足，可及性差。

农户利用现有的资产进行生产和获取收入，并把收入转化为消费和福利，同时一部分转化为投资，进入下一轮的生产过程。在这个循环的过程中，把风险具体分为生产风险和生活风险，生产风险指生产环节发生的风险，生活风险指生活环节发生的风险。由于农户的生产和消费具有不可分性的特点，这两类风险有一个相互转化和相互传导的机制，并非截然分开的。

（二）小农家庭生产环节风险

农业生产的风险是指在一定条件下，农业生产经营者的实际损益与预期损益的差异变动和背离程度。这种背离程度通常用作衡量风险程度的指标。

（1）自然风险。自然风险是指由于自然界的某些不可预计和不可抗拒的突发事件给经济造成损失的可能性，外生于生产函数的变量。虽然技术不断地发展，但自然风险始终是存在的，从经济学研究的角度，自然风险实际上纳入了市场风险的研究范围，因为自然风险最终会通过价格等机制传导到市场上。为了把自然风险应用到实际的观察中，并成为一个可以测量的量，可以把自然风险定义为自然或现实世界的状况对产品价值的方差（或标准差）所起的作用①。这样处理的意义在于，当涉及对风险规避的分析时，避免了因自然风险的异质性特点而难以把握。农业生产的特殊性在于一方面是劳动产品、劳动力、生产关系等经济现象的经济再生产，另一方面又是动植物繁衍及与自然界进行能量和物质转换的自然现象的再生产过程。自然风险表现为气候、土壤等因素对农业对象的生长发育规律的影响，由于农业对象的生长发育是不可逆的，因此，对自然风险的防范和补救有很大的困难。农业的特点决定了农业受自然条件的影响很大，自然因素的直接作用在农业生产领域十分显著。

农业自然风险主要由自然灾害、意外事故等因素造成，包括的范围很广，如水灾、旱灾、风灾、地裂、雹灾、崩塌、滑坡、泥石流、海啸、森林火灾、虫灾、病灾以及气象异常等。

（2）市场风险。市场风险是指农业生产经营单位在运作中，由于外部社会经济环境的变化或偶然因素的出现，例如，市场

---

① 张五常. 佃农理论[M]. 北京：商务印书馆，2002：91

容量、消费者需求变化等原因，使实际收益与预期收益发生背离的可能性。市场风险一般体现为价格波动，农产品市场接近于完全竞争市场，在一个农业生产周期中，农民的决策受上一期产品价格的影响，而交易时却必须依照即期市场价格进行，农业生产中这种价格信息的滞后性，容易使农产品的供给弹性超出需求弹性，从而形成农产品价格的发散型蛛网波动，使农业生产经营面临因价格变动而遭受经济损失的风险。农业生产的季节性和农产品鲜活易腐的特点加剧了风险。

（3）契约风险。由于当事人一方不能履行合约规定给另一方造成的风险，在市场经济条件下，农业生产者面临的信用风险主要表现为因买方违约拒收农产品或拖欠款项给农业生产者造成损失。在农产品现货市场上，交易一般是通过口头协议等方式进行，即使有交易合同，也因农产品生产周期长，市场状况变动不居而容易发生履约纠纷。一旦纠纷发生，由于单个农业生产者的交易量小，而法律诉讼成本高，农民的理性选择往往就是放弃收益。

（三）小农家庭生活环节风险

小农家庭生活环节的风险表现在他们生活的方方面面，虽有一定的规律可循，但难以定量定性。一些风险具有个别风险特征，一些具有群体性风险特征。同时，对风险的预期与地区经济水平有显著的正相关关系，在经济发达地区，农民对子女人力资源投入风险给予较多关注，在相对落后地区，养老等问题比较突出。表4-2通过对农民各类风险的预期，说明了农村主要面临的风险种类及程度。

表 4-2   农民预期风险种类及程度

担心的问题	加权法	直接加总法
低收入	15.73	15.68
年老无人赡养、照顾	8.93	10.31
医疗费用过高	9.49	10.03
经营困难、无劳动力	3.68	4.52
找不到工作、赚钱门路	8.68	8.76
无法支付高额学费	17.17	16.53
农资费用太高	12.17	12.01
缺少耕地	5.49	5.23
抚养孩子费用	7.05	6.07
建房	2.18	2.54
自然灾害	1.06	0.99
其他	15.74	15.68

资料来源：根据博士论文"中国小农户的风险及风险管理"研究中对农户问卷调查结果整理

表 4-2 通过对农民"最担心问题"的调查，以加权法和直接加总法来进行统计，加权法即将最担心的问题赋值为 3，次担心赋值为 2，第三担心赋值为 1，然后按担心问题加总求得每类所占百分比。直接加总法，即不分最、次和其三，均赋值为 1 后加总，求户次百分比。

三、小农家庭风险处理策略：基于合作的视角

风险处理是指风险主体通过对风险的认知、评估，采取一系列措施，以尽可能小的成本获得最大安全保障的活动。农民在进行风险处理时，有两个选择，第一个选择是依赖于正现风险处理机制，即风险处理的正式制度安排，如政府的救济制

度、社会保障和商业保险制度。如前所述，这个制度安排目前在农村社会是薄弱甚至缺失的。第二个选择是发展出许多非正规风险处理机制来应对。

在社会转型期，农民的处理是立体的、多层次的、复合型的处理策略，一方面，原有的社会关系网络作为对正式社会保障制度的替代依然存在；另一方面，在生产领域发展出较高级形态的合作组织。

（一）传统风险处理策略：社会网络内的合作行为

以收入风险的发生为界限，可以把非正规收入风险处理机制分为收入平滑机制和消费平滑机制。前者是指农户在收入风险发生前的生产经营过程中采取各种措施来稳定收入，属于事前机制；后者是指在收入风险发生后农户采取措施来避免收入波动对消费所产生的负向影响，属于事后机制。具体又包括非正式保险机制和跨时期消费平滑机制。可以归纳为事前保守主义生产行为和事后的社会网络内风险统筹行为。

保守主义生产行为包括生产中采取经营多元化和保守生产策略，前者指在进行生产决策时，尽可能组合策略多样化以降低总的收入风险；后者是指从事风险较低的生产活动，农民"小而全"的生产方式是风险分散的合理解释。

社会网络内风险统筹指的是依靠社会网络内的互惠性来进行风险平滑。主要是社会网络内的无偿援助和无息贷款。这些措施具体化为生活中传统的养儿防老、人情往来、生活共济等模式。由于农业生产的特殊性，农民往往需要通过跨时期消费平滑来消解风险，指通过收入的跨时期转移来实现消费平滑。由于较低的储蓄率和正式金融机构的进入障碍，农民的跨时期消费平滑依然是在社会网络内进行的，这可能是村内储金会、谷物银行，也可能是一定范围内农户间的相互借贷、互助小组等。

相对正规的风险管理制度，非正规风险管理的优越性在于能有效地抑制逆向选择和道德风险。农村社会网络以血缘、地缘为纽带，成员流动性低，内部信息较为充分。在一个重复博弈的时间框架内，成员的机会主义动机会大大减弱。因此，在刚性制度安排之下，农民可资利用的社会资源少，自发的风险处理机制有其合理性。非正规风险处理策略在经济转型期受到严峻的挑战，用于社会保障的养儿防老模式由于人口生育政策的限制，风险平滑能力大大下降；生活共济及人情往来由于货币化的影响及农户的分化，越来越成为一种生活负担；生产策略选择中的多元化经营和保守生产策略必然要以低回报率为代价，而且影响了专业化的发展和农业生产技术的改进。从长期效用来看，由于非正规风险处理作用的局限性，农民不得不直面风险，放弃未来的福利来应对眼前的风险，如推迟对疾病的治疗、降低食品消费的数量和质量、放弃对子女教育的投资等，一部分农户甚至变卖用于再生产的资产。这些消除眼前风险的策略构成了未来福利的贴现，形成了未来的潜在风险和贫困的代际传递，一部分农民逐渐被排挤出主流经济生活，出现边缘化倾向，使农民更加难以摆脱风险的恶性循环。

在联合型风险中，农民基于社会网络内的互惠合作行为往往失效，联合型风险指的是在较大范围内发生，波及整个社区的风险，如较为严重的自然灾害，农民既有的网络资源不足以缓冲风险带来的影响。

（二）新模式风险处理策略：政府、市场、农民三方参与的合作

农户非正规风险防范和处理策略是有效和理性的，然而这种有效性是针对农户自身的资源禀赋和既有的环境条件而言。这样的风险处理策略对应于小规模的生产方式，但是不利于农业结构的调整和农业专业化的发展，农民生活保持在较低的生活水准上。

风险的处理策略仅仅靠政府的正式制度供给和农民自身简单的策略都是难以奏效的，政府风险处理的制度供给短期内难以完善，农民利用有限资源的低层次处理不足以有效的平滑风险。有效的风险管理结构应该是政府、市场、企业、农民等多

元主体形成的复合结构管理模式。

市场化给农村社会带来冲击，同时也带来发展的契机，挑战与机遇并存。基于农村正规风险处理机制的缺失和传统风险处理策略受到的挑战，加之市场化进程的不断推进，出现了新特征的风险处理策略，即在传统风险模式继续存在的同时，出现了一些以专业化生产和市场为连接的合作组织，这些组织依托原有的农村社区资源，同时受到政府的鼓励和支持，创立了一批形态各异的合作经济组织，这些组织突破了传统风险管理的小范围隐性合作，在市场机制下通过更为深入的合作，对消弭生产领域的风险起到重要的作用，这些组织的性质介于正式制度安排和非正式制度安排之间。

通过以上的分析，可以看到，农民在风险处理时，主要通过整合既有资源的方式进行，无论是低层次的社会关系网络的利用，还是较高层次的农业产业化中的微观经济组织的合作，合作是风险处理的主要方式之一。在风险处理中，政府由于拥有较为强大的政治经济资源，在最大化风险分散中具有优势，但基于农民主体性的合作具有行动迅速、反应敏锐、绩效激励等方面的优势。中国传统社会延续下来的社会网络内风险处理机制仍然发挥着积极的作用，农村金融市场为基础的跨时期消费平滑机制的作用有限，非正式借贷市场对农民消解风险有明显影响。在农业产业化契机中，农民传统的合作通过社会网络的扩大，发展出新的形式，即农民合作经济组织，这些组织发挥了市场、政府、农民三方优势，对生产领域风险有显著影响。因此，在风险处理中，应该充分认识对方的资源与知识，合理划分各方界限，以政府的制度资源为依托，充分利用多层次的农民合作，达到消解和分散风险的目的。

第六节　风险控制

一、风险管理的概念

所谓风险管理就是农民专业合作社在对风险进行识别、预测、评价的基础上，优化各种风险处理技术，以一定的风险成本达到有效控制和处理风险的过程。

农民专业合作社生产、经营属于农业的范畴，农民专业合作社的风险控制适用农业风险管理范畴。

农业风险管理，是指风险管理主体通过对风险的认识、衡量和分析，优化组合最佳风险管理技术，以最小成本使农民专业合作社获得最大安全保障的一系列经济管理活动。

农业风险管理既是影响农业发展以及国民经济发展的一个基本管理范畴，也是现代农业生产经营活动中的一个组成部分。其主要功能是减少农业风险发生的可能性和降低农业风险给农民造成意外损失的程度。农业风险管理可以分为微观风险管理、中观风险管理和宏观风险管理。风险管理主体一般包括农户家庭、集体经济组织和国家政府。只有农户家庭、集体经济组织和各级政府都进行风险管理，才有可能实现农业的安全保障。

二、农业风险管理的目标

农业风险管理的总目标是以最小成本实现最大安全保障。农业风险管理的目标包括安全目标、经济目标和生态目标。

（一）安全目标

安全目标就是要求农业为社会提供数量充足而质量安全的农副产品，保证人们的生活质量持续提高、社会和谐稳定和文明进步。通过农业风险管理，不仅可以为社会提供充足的农产品，维持人类的基本生存条件，满足整个国民经济对农业的需求，还可以最大限度地消除或减轻农业风险的危害，增强农业安全保障。加强农业风险管理，让农业更好地承担起国民经济基础产业的社会责任，避免社会动乱，为整个国民经济的平稳发展和社会的安定团结提供基础保障，持续提高人们的生活质量。

（二）经济目标

对农业风险的管理以最小的成本，取得尽可能好的社会经济效益。或者说，既要有利于资源的优化配置，提高农业综合生产力，又不要过分加重政府的财政负担，还要有利于提高农业经营管理的水平和农业经济的效益。

（三）生态目标

在进行农业生产时，必须注重合理开发利用和保护自然资源、维护和改善生态环境，把开发利用、保护治理及资源增值有机地结合起来，发挥资源优化组合功能，形成各具特色的、持续平衡的生态系统。资源质量的降低、数量的减少以及生态环境的恶化已影响农业可持续发展，成为制约农业生产和农业经济发展的限制因素，极有可能引发各种农业风险，使农业遭受损失。保证农业生态可持续发展，是农业风险管理的重要内容和主要目标。

三、农业风险管理的程序

农业风险管理的程序分为以下 5 个步骤。

（一）确定风险管理的目标

对于不同的农业风险管理主体，风险管理目标各有侧重；同一风险管理主体，在不同时期、不同阶段，其风险管理目标也有差异。加强农业风险管理的首要任务是通过农业风险管理系统的研究，确定整个系统的目标。

（二）农业风险的识别

农业风险识别是对农业自身所面临的风险加以判断、归类和鉴定的过程。各种不同性质的风险时刻威胁着农业的生存与安全，必须采取有效方法和途径识别农业所面临的和潜在的各种风险。一方面，可以通过感性知识和经验进行判断；另一方面，必须依靠对会计、统计、经营等方面的资料及风险损失记录进行分析、归纳和整理，分析发现农业即将面临的各种风险，科学评估风险损害，并对可能发生的风险进行性质鉴定。

（三）农业风险的衡量

在农业风险识别的基础上，通过对所收集的资料分析，对农业损益频率和损益幅度进行估测和衡量，对农业收益的波动进行估算，为制定有效的农业风险防范措施提供科学依据。

（四）农业风险的处理

风险管理主体根据农业风险识别和衡量情况，为实现农业风险管理目标，选择与实施农业风险管理技术。农业风险管理技术包括控制型风险管理技术和财务型风险管理技术。前者以降低损失频率和减少损失幅度为目的，后者以提供资金的方式，消纳风险损失。

（五）农业风险管理的评估

农业风险管理主体在选择了最佳风险管理技术以后，要对风险管理技术的适用性及收益情况进行分析、检查、修正和评估。因为农业风险的性质和情况是经常变化的，风险管理者的认识水平具有阶段性，只有对农业风险的识别、评估和风险管理技术的选择等进行定期检查与修正，才能保证农业风险管理技术的最优使用，达到预期的农业风险管理目标和效果。

四、农业风险管理的措施

农业风险类别不同，其管理手段亦不相同。大致可以分为规避、预防、通过经济手段转移和救灾救济等方式。

（一）风险规避

风险规避的方式主要有两种。

（1）为规避某一风险带来的损失，放弃该项农业生产活动，或者为了避免新技术应用可能带来的风险，农业生产者选择成熟的、大面积推广的技术。

（2）通过降低农业收入在家庭总收入中的比重，规避农业风险可能带来的损失。

（二）风险预防

预防是指在发生风险损失之前所采取的为消除或减少损失的各种措施。

（1）为降低农业风险损失所采取的工程或技术措施。

（2）多样化种植，分散风险。

（3）国家通过宏观经济调控稳定农业经济，降低农业生产活动的波动性。

（三）风险转移

风险转移虽然不能降低风险损失的大小，但可以通过一定经济手段转移或分摊损失，降低某一时段内风险对生产的影响。

以经济手段转移农业风险的方式有两种。

（1）保险转嫁。保险转嫁是指农业生产者以小额保险费为代价，将农业生产风险转移给农业保险经营者（如农业保险公司等），实现农业风险在时间和空间上的分散。

农业保险是一种科学管理和化解农业风险的制度安排，具有将灾前防灾防损与灾后及时补偿结为一体的优越性。农业保险既能降低农业风险对农业生产经营主体的损害，也降低了社会经济发展的成本，是农业生产的稳定器。

（2）非保险转嫁。非保险转嫁是指通过各类经济合同将可能产生的潜在损失转嫁给他人的方法。个人和单位在从事经济活动过程中，可以利用合同条款等将有关经济活动的潜在风险损失转嫁给他人承担。这种风险转嫁的优点在于应用范围广、费用低廉、灵活适用，可以弥补农业保险之不足。非保险转嫁的局限性在于常受合同条款、法律条文的限制，需要以健全的法律体系为支撑。

（四）救灾救济

救灾救济是指依靠政府或社会力量对受灾地区人民的生产、生活进行经济补偿与救助的行为，包括政府救济和民间救济。但是，救灾救济只是一种临时性的帮助行为，没有法律保障。

农业是国民经济的基础，也是一个具有高风险的弱质产业。由于农业生产的特殊性，农民不仅经常会遭受各种自然风险，而且还要承担各种社会的、经济的不确定性因素造成的市场风险。20世纪90年代以来，经济全球化时代的到来和我国加入WTO，在自然风险被强化的同时，又滋生了新的风险源，市场风险已经逐步成为影响农业发展的主要风险。农业风险发生概率加大，波及范围更广，不可控性进一步增强。加强农业风险的有效防范与控制，已成为农民专业合作社的一项重要工作内容。

政府的介入果然在一定时期、一定程度上防范和化解了农业的巨大风险，保障了农民的经济利益，推动了农业和社会的发展。不可否认的是，在经济的全球化、市场化背景下，政府、农民和其他经济主体正在承担着更大、更为复杂的风险，政府介入风险管理的方式需要进行重新整合和创新，才能有效防范和化解巨大的农业风险。目前，农民专业合作社只能在一定程度上起到风险管理的作用。

五、富农惠农　保驾护航

农民专业合作社不仅是我国农业发展的必然趋势，也是加快推进农业产业化和现代化的必然选择。尽管近几年我国农民专业合作社发展迅速，但发展水平不均衡，整体上尚处于初级阶段，合作社所提供的社会化服务有限。当前合作社存在的诸多问题，大都与财务管理意识和风险管理水平有关。其中，会计核算不规范，风险控制机制不健全等，都是合作社普遍存在的问题。

据调查，有很多农民专业合作社根本就没有设立专门的财务管理机构，也无专职财会人员，即使有也不过是外聘的，缺乏合作社财务的专业知识，业务技能低；有的甚至不设会计，随便找一个信得过的人兼任出纳，遇有关部门需要报送会计报表或财务检查时，临时花钱聘请，会计核算工作处于混乱状况。

虽然合作社受其自身发展的局限，很少有对外的投资活动，投资风险也不高，但很多合作社未制定完整的资产保管制度，导致对固定资产、存货等资产缺乏有效控制。如在财务管理上职责不清，理事会成员乱插手现象时有发生，一些合作社缺乏对财物流通处置的必要报批手续、账簿记录，从而不能有效保证账实相符，确保资产完整无损。风险法律规制的不足以及农民自身行为逻辑的缺陷导致成员彼此信任度下降，从而引发了遭受风险时农民拒绝合作的尴尬现象，直接影响到合作社的稳定和成员的收入。

现在农业保险项目在逐渐增加，但对降低农民的经营风险作用还很有限。比如，四川仁寿大化镇龙门村专业养猪合作社的养殖户，只有每年8月份可以为猪买保险，而商品猪一般只需要5个月就可以出栏，这样一来就有相当一部分猪没法买保险，因此，养殖户面临的风险较大。而目前的保险制度赔付额度过低，对一般的育肥猪赔付500元，能繁母猪赔付1 000元，虽然一定程度上减少了农户的损失，但远远不足以补偿他们为此付出的成本。

风险控制制度是我国农民专业合作社良性发展的根本保障。《农民专业合作社法》对社员参与决策、监督和分配是有规定的：①社员参与决策制度。该法对农民参加社员大会的表决权、选举权和被选举权进行了规定，这样不但确立了社员的主体地位，同时还可以让他们通过自身的风险评估来行使表决权。②社员参与监督制度。该法第十六条第四款中对农民查阅、监督合作社的各项记录以及日常事务进行了相应的规定，加之在此基础上配合本法第二十九条关于对理事长、理事和管理人员行为的限制，社员可以通过行使监督权，及时了解合作社的运行状况，一定程度上降低了风险产生的可能性。③社员参与分配制度。该法第十六条第三款中的规定通过规范社员的盈余分配以保证社员的合法收入。

履约风险是农业产业化发展的重要制约因素，而这种风险很大程度上根源于"公司＋农户"产业化经营模式的固有制度缺陷。为了有效提高农民专业合作社订单农业履约率，促进农业产业化，降低契约风险的发生率，如何有效管理订单农业的契约风险就变得非常重要。

有专家提出，"公司＋农民专业合作社＋农户"模式和金融衍生工具交易两种方式是解决订单农业违约风险问题的有效手段。即：一方面，对订单农业契约风险进行有效管理，在"公司＋农户"组织模式中嵌入农民专业合作社，以弥补"公司＋农户"组织模式的制度缺陷；另一方面，利用博弈论分析订单农业中农户和农业企业违约的条件和原因，并提出解决方案。同时，为了避免农业活动中特有风险造成的生产经营损失，具体操作上还可实行"政府出一点，社员摊一点，合作社拿一点"的办法，共同设立风险基金用以保护农民的利益。

赚钱容易分配难，分配机制也是风险控制的重要一环。一个好的分配制度是合作社的核心，既是社员努力工作的重要激励手段，也是合作社吸引非社员加入的关键制度。什么时候盈余分配关系处理好了，成员生产工作积极性就会提高，合作社就会繁荣发展；反之，就会挫伤成员的生产工作积极性，阻碍合作社的发展，甚至出现人为风险，影响整个农村的社会安定。

六、动产信托 保值避险

所谓信托，是指委托人基于对受托人的信任，将其财产权委托给受托人，由受托人按委托人的意愿以自己的名义，为受益人的利益或者特定目的进行管理或者处置的行为。早在20世纪初，中国就有了信托业。随着改革开放，我国信托业取得了长足进步，在弥补传统单一的银行信用不足，利用社会闲置资金，引进外资，拓展投资渠道等方面发挥了积极作用，做出了非凡贡献。

信托是一种特殊的财产管理制度和法律行为，同时又是一种金融制度，信托与银行、保险、证券一起构成了现代金融体系。信托产品是指一种为投资者提供低风险、稳定收入回报的金融产品。信托品种在产品设计上非常多样，各信托品种在风险和收益潜力方面也有很大的分别。

信托财产是指通过信托行为从委托人手中转移到受托者手里的财产。信托财产既包括有形财产，如股票、债券、物品、土地、房屋和银行存款等；又包括无形财产，如保险单，专利权商标、信誉等，甚至包括一些自然权益，如委托人生前立下的遗嘱就是为受益人创造了一种自然权益。以信托财产的性质为标准，信托业务分为金钱信托、动产信托、不动产信托、有价证券信托和金钱债权信托等。

其中，动产信托是指以各种动产作为信托财产而设定的信托。动产包括的范围很广，但在动产信托中受托人接受的主要是各种机器设备，受托人受委托管理和处理机器设备，并在这个过程中为委托人融通资金，所以，动产信托具有较强的融资功能。

吉林省梨树县凤翔粮食信托专业合作社理事长李凤翔，带领大家在动产信托经营上做了很多有益的尝试，并取得了初步成效。粮食信托专业合作社社员向农村资金互助社入股，成为农村资金互助社成员；资金互助社成员自愿委托粮食信托专业合作社管理和经营粮食。

《凤翔农民专业合作社粮食信托办法》规定，粮食信托设定基本信托价格，如委托人决定出售粮食时的市场价格低于基本信托价格，受托人免收保管费及储存费用，如高于信托基价，按售粮价格的1％收取保管费，按［（售粮价－信托基价）×售粮数量］的20％收取信托费用。为此，他们还专门成立了凤翔资金互助社，诸如会计、信托、出纳、借款、股金等服务一应俱全，如一家正规的小型银行。

信托专业合作社社员基于对专业合作社的信任，将粮食委托给合作社，由专业合作社按照社员的意愿以自己的名义，为社员的利益或其他特定目的进行管理和经营。比如，当专业合作社社员收获粮食后，将其委托给合作社储藏管理，专业合作社对社员开出仓单和授信额度，登记造册，在粮仓上做好标记。社员可根据合作社开出的授信额度到凤翔资金互助社贷款。

与保税仓类似，当粮食进入合作社后便分仓保管，不归大堆，销售时由农民自主决策，择机销售。同时，粮食信托专业合作社向农户提供粮食市场价格行情，分析价格走向，由社员自主选择售粮时机，以获得较好的收益。而且，还规定在同等市场交易条件下，社员必须先与合作社交易，作为社员的信用记录。

据介绍，通过动产信托经营，合作社因损耗减少及集体议价可使每亩增收近300元。而且，粮食信托专业合作社与资金互助合作社打造了帮扶信托平台，联手为社员服务。比如社员急需用钱的时候，可凭其仓单作为质押，取得农村资金互助社的贷款。就这样，他们通过粮食的集中存储、抵押和销售，提升社员在粮食交易中的谈判地位，增强社员的贷款能力，为专业合作社及农庄经营提供了一条可资借鉴的发展路径。

七、企业危机公关

企业危机公关是指企业为避免或者减轻危机所带来的严重

损害和威胁，有组织和有计划地学习、制定和实施一系列管理措施和应对策略，包括危机的规避、控制、解决以及危机解决后的复兴等不断调整和适应的动态过程。危机不可怕，可怕的是不能遵循 5S 原则进行公关处理，即承担责任、真诚沟通、及时处理、系统运作、权威证实等。唯有如此才能化险为夷，转危为安。

2008 年 10 月四川柑橘蛆虫事件爆发以后，全国柑橘行业陷入低迷，使即将大规模上市的重庆柑橘压力很大。重庆柑橘多为晚熟品种，当年全市柑橘种植面积 135 万亩，产量达 125 万吨。而且，其主销地为上海、北京、西安等，三地销量就占总产量的 1/3。柑橘是重庆市农业的支柱产业，关系到库区千家万户农民的利益。于是，重庆市专门召集农业部门研究柑橘销售方案，并决定由市财政拨出专项资金 300 万元开展危机公关，在上海、北京、西安推销柑橘。

任何一次危机的发生，当事人或消费者都会有过激的反应，即使将问题上升到民族和人格的高度也不足为奇，因为人的思维千奇百怪。危机公关的一个重要原则就是要了解公众，倾听别人的意见，确保能把握公众的抱怨情绪，并作出准确的判断。要设法使受到危机影响的公众站到自己的一边，并邀请公正、权威机构来帮助评估，以提高公众对自己的信任度。

重庆那次危机处理的效果十分明显，其处理方法值得借鉴。首先，建立强有力的危机处理班子，召集农业部门研究柑橘销售方案，以及对危机发生和蔓延进行监控；其次，根据制定的方针、政策，有步骤地实施危机处理策略；再次，派专人赶赴上海、北京、西安主销地进行促销，及时制止危机给果农造成的不良影响，恢复重庆柑橘的品牌形象，主动恢复消费者、社会、政府对重庆柑橘的信任；最后，由市财政拨出专项资金 300 万元开展危机公关，通过传播、广告、营销等方式进行一系列危机处理。

同样地处三峡地区，四川丹棱县丹棱镇三峡情水果专业合

作社的信任危机处理也可圈可点。该合作社由理事长卿和等6
位水果种植营销大户发起成立。正是社员的信任危机处理得
当，后来该专业合作社社员竟发展到1 179人，其中，有三峡
移民，也有原住村民，年销售水果近2万吨。丹棱的三峡移民
水果销售收入从最初的亩平均1 000多元增加到6 000多元，
有的甚至达到了2万元。

对此，卿和颇有感触地说："合作社在成立初期，遭遇社
员的不信任危机是难免的，但只要用实际行动去化解危机、解
决问题，让社员切身感受到跟着合作社干不吃亏，跟着合作社
比自己单干效益更好更多，这样社员也才会对合作社服气。"为
了缓解信任危机，三峡情专业合作社采取了很多措施，其中最
奏效的有四点：

(1)新技术优先分享。一旦了解到新技术、新品种，专业
合作社基地就会率先试种、做试验，效果好就大力推广。推广
成功后，合作社会首先满足内部社员的需求，这样社员种出来
水果的品质始终位于市场上同等水果的前列。

(2)好物资低价分享。在采购农资这一块，专业合作社也
力争做到不挣社员的钱，按成本价销售。比如，本来社员以前
还要到外地去买化肥、农药等，要多花一笔运输费用，而现在
社员在专业合作社购买同一品牌的农资，不仅省去运输费，还
比农资批发店买的要便宜，而且质量可靠。

(3)病虫害共同防治。在病虫害的预防预报上，定期或不
定期地派技术员到田间地头去查看，提早让社员为病虫害的防
治作准备。

(4)好收入及时兑现。统一收购水果时，对社员的收购价
格要比市场收购价格高一点，高出部分当做第一次返利返还给
社员。待产品销售结束后，合作社除了扣除12%的管理费和
10%的风险基金外，再把可分配利润的60%都返还给社员。

第五章　农民专业合作社创建的形式

任何事物的产生和成长要基于其内生力量与外部力量，经过一个由弱到强、逐步成长壮大的过程。在这个过程中，事物发展将遵循一定的规律并呈现出一定的特点。通常我们将这种成长的路径概括为该事物的发展模式。理论上，我国农民专业合作社是由农民自愿组织起来的，农民是否加入合作社，加入哪个合作社是完全自由的，是不受外界力量强制的。但是，现实中我国农民专业合作社在产生和发展过程中，由于其生成的内生力量的不同以及其所依托的外部力量的差异，在不同地区和不同行业，呈现出不同的发展特点和规律，最终构成了不同的农民专业合作社发展模式。

第一节　蔬菜专业合作社

蔬菜合作社涉及的产业宽、地区广，根据组织发起者的身份各有不同，既有粮食、棉花、油料、蔬菜、水果等种植业，也有农机、用水、运输等服务业。本节以重庆蜀都蔬菜种植专业合作社作为蔬菜业案例进行分析。

一、合作社发展历程和基本情况

2010 年 8 月 19 日，由西南大学、新疆农业大学的 5 名教授、15 名大学生、29 名蔬菜种植户联合成立了重庆蜀都蔬菜种植专业合作社，随即在工商部门进行了注册登记。合作社成立后，把从事蔬菜种植、跟踪蔬菜种植、打造有机蔬菜、创建蔬菜品牌、实现均衡市场供应、增加农民收入和扩大蔬菜的加工增值作为合作社的发展目标；把立足生态农业、带动成员致富、关注百姓健康、促进社会和谐作为合作社发展宗旨。

合作社从成立至 2011 年 5 月，出资总额 264 万元；已发展成员 660 户；璧山县 15 个镇街，入社成员分布的镇街就有 10 余个；成员蔬菜种植面积 5 300 多亩，辐射种植面积 35 000 多亩，无公害蔬菜基地 1 个，能常年为消费者提供各类蔬菜 1 万吨以上，现有管理人员 10 名，其中专业技术人员 2 名，营销人员 4 名；合作社正筹备在重庆大学城设立 1 个蔬菜直销点。合作社是目前璧山县成员和生产基地跨镇街最多、种植规模最大的蔬菜种植合作社。

二、建立完善运行机制

合作社按"民办、民管、民受益"原则管理和运作，组织机构健全，管理制度完备。在璧山县城街道沿河东路设立了固定的办公场所，配备了办公设备。结合实际制定了章程和管理制度、营销管理制度、技术服务制度、成员管理制度等内部管理制度，做到事务管理有章可循。设立了成员大会，民主选举产生了理事会和监事会，设立了日常事务管理办公室，明确各机构的活动范围、责任和权利。合作社内部分设了营销部、技术服务部、项目部、服务部。营销部联络客商，开拓市场，建立销售网络；技术部采取技术培训和技术指导的方式，负责蔬菜种植的日常管理及提高成员的生产技能；项目部负责合作社内部蔬菜项目的研发与实施，对外相关农业项目的争取；财务部负责财务账目、成本核算与资金管理，接受业务主管部门和成员监督。完善利益分配方式。合作社集中收购成员的蔬菜后，定期与成员进行现余结算。及时兑现成员的销售收入。当年经营盈利按 20％的标准提取公积金、公益金和风险准备金，然后按成员与合作社的业务交易额进行比例返还，返还总额不低于可分配盈余的 60％，最后经成员大会讨论后进行股金分红。

三、营销服务内容及成效

(一)努力推进"农校对接"和"农超对接",拓展销售渠道

一方面把蔬菜的销售作为促进成员增收的抓手和工作重点,落实人员专门负责蔬菜的营销工作,在组织成员的蔬菜供应批发市场外,成功实现了"农校对接"。截至目前,与重庆大学、重庆师范学院、重庆管理学院等多所高校进行了正式的对接合作,每天固定向高校供应各类蔬菜 5 吨以上。另一方面,合作社与重百、新世纪、永辉、重客隆四大超市签署了 4 200 吨蔬菜供应的意向性协议。协议签订后,成员的蔬菜一改原来低价没人收购的状况,呈现出销售量、价齐升的良好态势。由于合作社实现了"农超对接",蔬菜销售价格比普通地头收购高了 20%～30%,成员和菜农不仅解决了蔬菜销售困难,每亩还增收近千元。"农校对接"和"农超对接",成功拓宽了成员蔬菜的销售渠道,既减少了学校与超市采购农产品的环节,降低了学校、超市的采购成本,还降低了成员蔬菜销售的中间成本,提高了蔬菜的销售价格。

(二)加强信息服务,增强成员把握市场的能力

及时的天气预报能让农民做好蔬菜生产的安排,减少恶劣天气造成的损失;准确的市场信息能让农民更好地调整好蔬菜的种植与销售等工作,以免造成经济损失。一方面利用飞信每天给成员免费发送天气预报、近期病虫灾害防治等信息,免去成员每个月定制天气预报等费用;另一方面利用互联网建立自己的网络平台,在邻省进行大范围的蔬菜市场信息调查后,以飞信或电话的形式将各类蔬菜的市场供求情况、批发和零售价格及时传递给成员,让他们了解市场上蔬菜的供求状况,减少亏损,保障收入。

(三)进行宣传培训,提升成员素质

成立至今,合作社已举办了多期不同规模的培训班,分别就国家对农村、农业、农民法规政策、各类蔬菜科学种植管理技术、假药假肥料的识别等知识对成员展开培训，已累计培训成员和菜农 910 余人。合作社还向农民宣传维权知识，要求成员使用无公害农药和化肥，栽种环保型的蔬菜，逐步实现无公害蔬菜向有机蔬菜的跨越。同时，树立品牌，将合作社的农产品向高端市场晋升，实现品牌化和产业化，实现合作社的蔬菜产品走向全国、走向世界的目标。

(四)降低蔬菜种植成本，增加成员收入

"加入合作社以后，合作社不仅把无公害肥料送上门，每包还比市场价低了好几元"，这是成员由衷的感慨。为给成员带去实惠，合作社不光严把肥料质量关，而且以每包肥料比市场价低 1～6 元的浮动标准，免费为成员把无公害肥料送到家门口。合作社已完成了第一期 200 吨化肥的派送目标，为成员每年每亩土地节省 80 多元，总共为成员节省了近 50 万元的生产成本。2010 年 11 月，合作社还把新研究成果杂交西红柿种子免费送到了成员家里，让农民进行种植试验：一方面，保障了成员以后的蔬菜生产；另一方面，大大降低了成员的生产成本，促进了成员增产增收。

(五)进行技术指导与服务，促进科技推广

长期种植蔬菜的成员虽然有着丰富的蔬菜管理经验，但由于田间病菌长期难以得到根治，农药很难起到显著的作用，病虫害直接导致蔬菜减产、成员亏损。还有就是成员在短期内单纯为追求蔬菜的产量，在蔬菜种植期间大量超标使用化肥、农药，导致对土壤造成伤害，进而影响蔬菜的产量和品质。合作社的大学生技术员通过举办技术培训班、现场指导示范等方式给成员传授防治蔬菜病虫害的知识，还联系西南大学农学院和新疆农业大学的教授专家一方面对其土壤进行化验，针对土壤的不同情况指导成员合理选用药肥进行施肥用药；一方面保障蔬菜种植管理的技术咨询和蔬菜品种开发工作。通过大学生和高校技术力量的参与和有力支持，减少了蔬菜病虫害的发生，降低了成员的经济损失，促进了农业科技的推广，加快了蔬菜无公害化生产进程。如今在成员当中流传着这么一句话：有事找民警，有种植困难找合作社。

（六）维护成员权益，保护成员利益

在成员因自己购入假药施用造成经济损失后，合作社并没有坐视不管。而是组织人员对施用药物进行调查与鉴定，及时到县农业执法大队等相关部门立案，与有关部门协调，想方设法为受到损失的成员获得合理的赔偿，合作社累计解决了 16 起因药肥不合格造成的蔬菜种植户的重大经济损失案件。一些蔬菜种植户流转土地后因没能与当地村社、土地转出方进行良好沟通，形成了很多矛盾，合作社就积极地与当地政府衔接和协商，为成员争取到经济损失赔偿。对有参与种菜或扩大蔬菜种植规模意愿的成员，合作社积极地为他们寻找符合要求的土地，进行统一的规划种植，并提供统一技术指导和培训。

第二节　种植专业合作社

一、合作社成立背景

2006 年 10 月以来，西安果友协会 100 家基层工作站（分会）逐步转化成主要以果品生产、管理、销售的果友专业合作社，通过近三年的努力已有果友专业合作社 500 家，同时也在不断帮助更多的农民组建新的果友专业合作社。

但是，各地农民专业合作社目前处于独立、盲目发展，基本上处于停滞状态。各农民专业合作社纷纷要求成立一个联合体，统一指导合作社发展，只有联合才能生存，谋求农民专业合作社长远发展，提高社员增产增收，真正为社员办实事、办好事。

2008 年 11 月 20 日，西安果友协会立足陕西乃至全国苹果产业体系发展，依托西北农林科技大学技术和管理优势，成立了陕西杨凌农夫果业专业合作社。陕西杨凌农夫果业专业合作社由杨凌创新果友协会、蒲城绿建农夫果友专业合作社、大荔农夫果友专业合作社、宝鸡农夫果友专业合作社、咸阳鑫农农夫果友专业合作社、天水农夫果友专业合作社等10家农民专业合作社联合成立。

合作社主要从事果品新技术的推广、农资销售、大宗果品的交易、合作社的管理与培训、信息化服务等工作。农夫果业现拥有苗木基地80亩（与西北农林科技大学园艺学院合资），有机苹果、酥梨、猕猴桃生产基地300亩、示范园10 000亩，具有国家农业部有机产品认证资格，绿色无公害产品品牌"健康家族"。

二、合作社的主要工作

（一）营销

营销是合作社工作的核心内容，也是保证合作社生存、发展、成长的关键。农夫果业营销主要开展农资营销和农副产品营销，同时也接受基层合作社委托代购、委托代销业务。

1. 农资经营

合作社的农资经营是由基层合作社联合起来，委托合作社与农资企业签订供销合同。农夫果业代表500家合作社与农资企业签订合同，取得的利益空间远远大于合作社单独与农资企业签订供销合同，同时也分散、转移、化解了农资企业销售劣质农资的市场风险，保障了基层合作社的利益，维护广大农户的根本利益。根据《中华人民共和国农民专业合作社法》（以下简称《合作社法》）规定，年底利润分红要根据交易额或者交易量分配。基层合作社通过年底利润分配，农民会获得部分分红，降低了农业生产经营的成本。

2. 农产品销售

自合作社成立以来，农产品销售就是合作社的主要工作。合作社主要是通过以下途径来进行。

(1)统一生产保证产品质量。农夫果业根据各基层合作社的具体情况制定统一又有区别标志的条形码，让每一个果品具有自己的"身份验证码"，保证消费者通过中国果业网和800电话查验每一个有机果品的生产信息，资料翔实、客观、公正，真正让每一位消费者吃到安全、健康、无公害的有机果品。

(2)统一品牌争取开创市场。农夫果业注册了"健康家族"商标，成立专门的品牌建设部门，通过各种市场销售渠道提升果品品牌价值。农夫果业与基层合作社签订"健康家族"品牌共享加盟合同，利用农夫果业的商标价值及信用程度销售基层合作社的各类农副产品，为基层合作社增加经济收入提供更好的品牌增值空间。

(3)农夫果业根据各种水果的特性印制各类果品礼品、高、中、低四档包装箱，通过统一的包装提高基层合作社市场销售占有份额，同时为保证每一个基层合作社的独立性，在包装盒上明确注明生产基地为"XX果友专业合作社"生产，促进基层合作社做好销售的各项工作，提高农民经济增长空间。

(4)专业销售团队保证销售渠道。农夫果业根据国内外的年度果品销售市场情况，确定不同年度的果品销售工作指南。合作社聘请销售能力强的销售经理和销售团队，从事专门的果品销售工作。目前陕西省已经展开"农产品与超市对接窗口试点"，农夫果业作为农产品试点生产基地积极组织基层合作社做好销售工作。同时，在西安胡家庙水果批发市场、朱雀果品批发市场等重要的批发市场进行果品销售。

(5)南北互动，合作共济。农夫果业积极拓展国外各种果品销售渠道，委托中国香港一家外贸出口公司与海外多家外贸出口公司签订出口供销合同，通过国家农副产品的质量技术管理要求，对欧盟农副产品进口标准进行出口供应，坚持"引进来，走出去"的方针。

(6)农夫果业在南方城市农贸市场建立南北互动、合作共济的销售网络体系。南北双方生产的农产品通过农夫果业的销售渠道免费共享，降低销售成本和相关费用，直接实现合作社与合作社的对接、合作社与消费者对接。促进合作社之间联合，真正实现合作社的"对内服务、对外营利"市场定位发展目标，为农民经济增长提供更加实际的营销模式。

(二)合作社信息化

农夫果业与基层合作社建设统一信息网络平台，通过农民专业合作社管理软件，在中国果业网、陕西果业报等多家网络媒体的共同努力下，着力打造资源共享、信息均衡、技术保障的网络服务体系，保障了农夫果业与基层合作社之间最有效、最短时间、最直接沟通，为基层合作社的发展提供合理、科学的技术和管理保障。

第三节　养殖业专业合作社

本节主要以伊宁市新生源奶牛养殖专业合作社为典型案例介绍养殖业案例的分析。伊犁河谷地区具有良好的奶牛养殖基础和种群优势，是新疆优良的奶牛养殖区。2010 年年初，伊犁哈萨克自治州(以下简称"伊犁州")奶牛存栏 116 万头，良种及改良奶牛 70.52 万头，荷斯坦产奶母牛 4 万多头，年生产牛奶 51.84 万吨。为了加快奶业发展，伊犁州将推进奶业合作组织建设作为实施奶业富民战略，调整农村经济结构，开拓农牧民增收渠道的重要举措，从财政扶持、土地调整、信贷支持、技术服务等方面出台一系列优惠政策，2010 年年底，共建奶牛养殖专业合作社 110 个，入社社员 3 691 人，带动农户 7 518 户。伊宁市新生源奶牛养殖专业合作社就是其中之一，而它的运行和管理方式又有别于一般的合作社。

一、新生源奶牛养殖专业合作社的基本情况

新生源奶牛养殖专业合作社 2010 年 11 月成立，入社社员有 48 户，奶牛 471 头，日产鲜奶 8 吨。合作社的运行模式为"奶农＋合作社（养殖小区）＋企业"。伊宁市政府将投资 1 740 万元建成的可容纳 1 000 头牛的现代化奶牛养殖场（其中土建投资 1 500 万元，配套设备投资 240 万元，主要建设工程有 3 栋现代化牛舍、1 栋隔离舍、1 栋产房、1 栋犊牛舍、9 000 立方米青贮窖、4 座堆草场、1 处堆粪场、1 座可容纳 32 头牛的现代化挤奶厅及相关配套附属设施），由新生源奶牛养殖专业合作社无偿使用，合作社又将奶牛养殖场托管给乳品企业（伊犁中洲伊源生物技术有限责任公司）进行管理，合作社有监督企业履行协议条款的职责，不干涉企业的管理行为，但对企业的不合理规定有建议权。

二、新生源奶牛养殖专业合作社与养殖户的关系

新生源奶牛养殖专业合作社的入社方式有 3 种。一是奶牛托管方式，合作社与养殖户签订协议，以 5 年为期，凡是符合托管标准的生产母牛，都可进入养殖场按照"五统一"（统一饲养标准、统一品种改良、统一疫病防治、统一挤奶、统一产品销售）的标准进行饲养。根据每头奶牛的产奶量，每年给养殖户 1 800～2 600 元的现金。进入养殖场的奶牛按照进场时的协议价 5 年后由合作社以现金形式如数奉还，或者还给养殖户一头同样年龄、品质的奶牛。二是奶牛租赁方式，合作社根据养殖户的奶牛品种、产犊时间、产奶量等状况，以租赁的方式将养殖户的奶牛按年或按月进行统一饲养，给养殖户付租金，租期到了还给养殖户原租赁的奶牛。三是入场自养，即养殖户自己带牛进入养殖场，按照养殖场的"五统一"标准进行饲喂。每月底，合作社从奶款中扣除饲草料费用及其他费用，并从中另行抽取每千克 0.2 元的利润。

三、新生源奶牛养殖专业合作社与托管企业的关系

由于合作社成立是政府行为，合作社成员多是养殖户，没有经营管理牛场的经验。因此，合作社又将养殖场托管给有经营经验的乳品企业（伊犁中洲伊源生物技术有限责任公司）进行管理。合作社实行理事会领导下的总经理负责制，为加强领导和监督，合作社理事会理事长由伊宁市巴音岱镇选派，总经理由伊犁中洲伊源生物技术有限责任公司选派，总经理负责合作社的日常经营管理活动，重大决策须经理事会集体研究决定。

合作社和企业之间主要通过合同约定双方的职权、交易行为、利益分配、帮助扶持政策等。主要包括以下几项内容。

1. 提供设备

公司提供奶罐等牛奶制冷、贮藏设施及牛奶检测试剂及相关仪器，由合作社与公司签订使用协议。

2. 技术服务

企业配有专业的技术人员每月进行不少于两次的巡访，及时进行疾病治疗、配种等，对合作社成员，只收取药品成本费和冻精费，不收取服务费。企业还选派技术员根据合作社成员的具体情况，为他们制定有针对性的饲养方案，推广科学饲养技术。

3. 优价供应饲料及兽药

企业与知名饲料公司签订合作协议，统一引进全混合饲粮，将优质全价饲料平价供应合作社，奶农可不支付现金，饲料费从每月奶款中扣除；奶农的兽药购买也采取类似做法。

4. 提供平价优质奶牛

企业从自有养殖基地挑选优质头胎母牛，以按揭方式提供给信誉良好、具备饲养条件、有扩大养殖规模意愿的农户。企业还以优价收购农户的牛犊，减轻农户的饲养负担，增加其养殖收益。

5. 金融帮扶

企业帮助合作社成员解决资金短缺问题。一是借款帮助。合作社成员可以通过合作社向公司借款，之后分月从奶款中扣回。二是贷款帮助。合作社成员向银行贷款时，企业以资产为农户提供贷款担保，但奶牛合作社必须先以合作社的奶款、奶牛进行反担保。当农户无法偿还银行贷款时，就要用合作社的奶款、奶牛进行赔偿。

四、新生源奶牛养殖专业合作社成立以来的成效

（一）饲养水平提高，牛奶产值增加，奶农收入提高

经过技术培训及引进良种牛，合作社养殖户的奶牛平均单产由每年的 3.5 吨提高到 5 吨。使用优质冻精后，新产的小牛都是良种母牛，奶牛品种得到改良。

（二）企业得到了优质稳定的奶源

"五统一"的管理方式，消除了以往养殖户掺假造假现象。"人不触奶、奶不露天、封闭储运"的生鲜乳收购运输方式，使鲜奶达到优质鲜奶标准，优质的奶源确保了优质的奶产品，企业产品的市场竞争力得以提高。

（三）银行向农户贷款有所增加

通过公司的担保和合作社的反担保机制，银行向农户放贷的风险下降，增加了对合作社成员的放贷量，实现了银行和农户的双赢。

（四）奶牛养殖风险降低，养殖户的收入增加

入社的养殖户有效解决了自家鲜奶难储存，被奶站、奶贩压级压价的问题；托管奶牛的养殖户还从繁重的喂养劳动中解放出来，可以从事其他劳动获取额外收入，养殖风险大大降低。

第四节 水产品专业合作社

一、概述

（1）创立水产专业合作社，做大做强水产品养殖业。

长期以来，养殖户数量多而分散，信息闭塞，技术落后，对市场的了解和分析能力弱，销售拓展力差，苗种取得困难，养殖技术老化，品种单一，抗风险力弱。2007 年以来，位于金台万亩水产养殖基地内的养殖大户程建新组织 18 户水产养殖户，组建了武汉新星水产专业合作社，近一年时间，现已发展入会社员 526 人，固定资产 800 余万元，拥有无公害水产养殖面积 15 000 亩，年产量 16 000 吨，年产值达 6 200 万元。

（2）整合资源优势，积极推动土地流转，促进规模经营。

为扩大水产养殖规模，提高养殖效益，积极推动土地流转。为了搞好水产连片开发，街、村各级大力宣传，充分调动了土地流转双方的积极性。组织经管干部走村串户，为农民办理土地流转手续，规范合同，保障了双方的权益。对低洼田及零散小鱼塘进行了改造，新增水产养殖面积 600 余亩，办理流转合同 70 余份。同时，为了整合资源优势，把养殖面积向养殖能手转移，办理流转面积 300 余亩，极大地促进了水产规模开发经营。

（3）兴建鄂东水产品产地批发市场，促进水产专业合作社可持续发展。

随着专业合作社规模和实力的壮大，为了彻底解决水产品交易中心专业化、产业化服务体系的滞后，满足养殖户产、供、销一条龙服务的要求，极大地带动本地区农业的可持续性发展。

二、经典案例

从 2008 年 11 月成立，在仅仅一年半的时间里，绿康水产养殖专业合作社社员"入股费"从 1.5 万元提升到 3 万元，又从 3 万元提升到了 7 万元，主动要求入股的养殖户仍然络绎不绝，以至于为了控制规模，合作社不得不暂停接收新社员入股。

一个普通的水产养殖专业合作社，何以散发出如此大的魅力，吸引着广大养殖户追捧？尽管多次提高"入社"门槛，为何依然抵挡不住他们入股的热情呢？2010 年 6 月下旬，记者来到位于广东省阳西县沙扒镇书村的绿康水产养殖专业合作社，探访其发展壮大的成功之道。

诞生：共度时艰

眼前是一幢高达 5 层、建筑面积达 1 200 多平方米的崭新办公楼，记者一行登上二楼办公室，见到了绿康水产养殖专业合作社社长陈增前。

"这幢新大楼是合作社的物业，总投资 150 万元，今年新落成不久，里面设置有社员养殖户培训室、合作社办公室、旅馆及服务业经营等功能区。"陈增前见到记者一行，便如数家珍地介绍起来。

"2008 年台风'黑格比'带来的狂风暴雨给沙扒沿海地区的对虾养殖业造成重创，单个养殖户根本就没有能力抗灾复产。在这样困难的背景下，我和陈黎明等人便发起成立专业合作社，联合起来抗灾复产，"陈增前告诉记者成立合作社的初衷，"这个提议得到了部分养殖户的响应，当时就有 13 人加入我们的行列，成为我们第一批注册会员。合作社一成立，很快就取得了立竿见影的效果。"

当时，通过联合社员互相担保，合作社从银行争取到了 100 多万元贷款。这笔钱成为了社员们打"翻身仗"的主要资本，为各社员修复虾塘、及时恢复生产发挥了重要作用。

经过这次联合抗灾复产、共度时艰事件，合作社在群众中树立起了很好的形象，发展壮大之路越走越宽。据悉，自2008年11月成立以来，绿康水产养殖专业合作社已经吸引38名当地对虾养殖户入股，目前该社社员的对虾养殖规模达2 700多亩。

互助：共同致富

"绿康水产养殖专业合作社在当地养殖户中有着很好的口碑，社员间的互助发挥了非常重要的作用。"陈增前说。

在当地，有一个叫魏显智的养殖户，早年养殖对虾30多亩，由于经营不善，欠下了大笔饲料钱和村委会塘租，最后实在没法经营下去了，只好丢荒。合作社成立后，他加入了合作社。合作社担负起扶持困难社员的责任，给他赊销饲料和药物等生产资料，社员陈明还当起了他的技术指导。2010年年底，他获得了丰收，不仅还清了以前欠下的饲料钱和塘租，还有部分盈余。

合作社主要职能是谋求共同发展、走共同致富之路。该合作社将社员的入股费作为公共基金，用于团购虾苗和饲料、技术培训、项目投资以及日常运作经费，这些优势都是单家独户养虾所不具备的。尤其是当个别社员资金周转困难时，还可通过这笔基金进行低息贷款。2009年，该合作社用于支援困难社员的资金就达70多万元。此外，加入合作社的社员还能获得技术指导、共享市场信息、共同抵御自然灾害等。

采购：有了话语权

陈增前感触最深的是，合作社还没成立之前，经销商卖1、2号对虾料给养殖户，一定要现金交易。如果养殖户上一年度收成不好，资金链跟不上，经销商会采取停止供应措施。更加让养殖户感到心寒的是，不同品牌的饲料经销商经常串通起来制裁经济实力差的养殖户，在一定程度上制约了当地对虾养殖业的发展。

"一包虾料，以前我跟经销商拿货，他赚我20块，现在直接跟厂家进货，就可以省下这 20 块，这个利润空间是比较大的。"陈增前告诉记者，团购的力量使他们更加有话语权了。现在由合作社统一进货回来，以比市场价每包优惠 10 元的价格卖给社员及其他养殖户，还有 10 元作为合作社公积金。仅仅这一项，全体社员去年就节省了 60 多万元，平均每个社员节省差不多 2 万元，给社员带来了实实在在的实惠。

此外，这样的团购，还促使部分厂家改变销售策略，适当优惠供货。个别厂家许诺：只要选用他们的饲料，在对虾上市前的一个月，可以大量赊货给社员！"这样一来，对我们社员帮助很大，因为收获前一个月所需要的饲料会比前期养殖多耗几倍，直接减轻了社员的资金压力。"陈增前说。

养殖：标准化提高效益

绿康水产养殖专业合作社将 2 700 多亩虾塘分成 6 个片区，每个片区确定牵头管理人，采取标准化健康养殖，统一技术管理。在生产中，各个片区统一选用同一种虾苗、同一种饲料和药物，确保每个虾塘实现标准化统一养殖。为了进一步提高产品质量，打响合作社的产品品牌，目前，该合作社已经注册了"绿康丰"产品商标，同时也已向有关主管部门申报无公害产地认定。

在实行标准化健康养殖后，社员养殖的对虾质量有保证，产量有规模，竞争有优势，价格也比散户要高。"现在我们合作社社员养殖出来的成虾成了'香饽饽'，加工厂争相抢购，出的价钱也比普通养殖户养殖的成虾贵 0.5 至 1 元/斤。"陈增前自信地说。

成本降、售价升的直接结果是利润的增加。据介绍，在绿康水产养殖专业合作社参与规模养殖对虾，平均每千克对虾可增加收益 2 元左右。一位姓蔡的对虾养殖大户是该合作社的社员，他的虾塘面积达 160 亩，按照亩产 1250 千克一年两造计算，去年仅节省成本、提高售价所增加的收益就有好几十万元。

发展：养殖加工齐步走

位于沙扒前海湾的一片高位池改造工地上，机声隆隆，施工如火如荼地紧张进行中。陈增前介绍说："我们社员的养殖场还有大部分是低位池，现在合作社通过各种渠道为社员争取资金扶持改造，以提高产量和增加收入。"陈增前听闻省渔业主管部门有对标准化鱼塘改造进行补贴的政策，强烈希望能获得政策支持，以扩大改造面积。

记者一行站在一个小山坡上，往下望去，这些标准化健康养殖场，分隔成几亩一口的虾塘一口挨着一口，十分壮观。

高位池改造只是由他领军的合作社要搞的大动作的第一步。接下来，绿康水产养殖专业合作社计划筹资投入千万元，组建一家集对虾养殖、加工、销售为一体的公司，开展企业化经营，做大做强"绿康丰"水产品牌。陈增前踌躇满志地向记者介绍着未来的发展蓝图。但是，他同时也坦言，目前，该合作社虽然在养殖技术、产品销售等环节运作已经较为成熟，然而，融资难也是目前合作社的主要发展瓶颈。

第五节　农机合作专业社

则字村位于吉林省乾安县西南 35 千米处，全村共有农户346 户，人口 1 460 人，其中，劳动力 870 人。全村辖区面积1 350公顷，耕地 1 050 公顷，全部为旱田，种植作物以玉米和杂粮杂豆为主。长期以来，由于农户的分散型经营，小四轮拖拉机等小型农机具成为农业生产的主要动力，其负面效应也日渐显现出来，诸如深松、深翻、旋耕等许多机械作业小型农机具都无法完成，造成土壤严重板结，粮食增产潜力下降，农机发展水平徘徊在一种低水平重复建设的状态下，作业成本高，资源浪费严重。面对着缺少大型农机具这一现状，一家一户分散经营的农户因受作业规模、资金承受能力等方面的影响，有心购买大型农机具却又无能为力。发展"大农机"与"小户分散经营"的矛盾长期困扰着该村耕作制度的改革，成为阻碍推进农业生产力发展的制约"瓶颈"。

一、成立发展过程

为了提高农业机械化发展水平，探索市场经济条件下发展农业生产全程机械化的新路子，2004 年 9 月吉林省农机化示范区项目落户则字村，2004 年和 2005 年由国家投入资金 480 万元，农民自筹资金 200 万元，购置大中型农机具 11 台，并于 2005 年 1 月 6 日正式成立了农机合作社。合作社组建形式是采取股份合作制，即农户按照"谁入股谁受益、风险共担、利益共享"的原则，以承包的耕地作为入股资产，自愿入股，年底按股分红。合作社在启动之初，为调动农户入社的积极性，消除后顾之忧，合作社以每年每公顷耕地不低于 4 000 元的价格租种入股农户的耕地。2005 年全村共有 138 户农户 220 公顷耕地入股合作社。

经过近三年的发展，则字村农机合作社已建成占地约 1.6 公顷的集机具停放、机具维修、油料储备、人员办公、粮食晾晒于一体的办公场所；现有 5 台大型履带拖拉机、5 台大型轮式拖拉机、1 台 24 马力拖拉机、5 台自卸拖车、3 台气吸式大型精量播种机、1 台牵引式玉米收获机、2 台植保机械以及重耙、轻耙、液压旋转翻转犁、灭茬机等 50 余台（套）机具；架设 380 千伏线路 1 400 延长米；打机电井 43 眼，全部配套水泵和喷灌设施。截至 2007 年，合作社入社农户达到 230 户，占全村农户的 62%，入股耕地 50 公顷，占全村耕地的 47%，入股耕地全部实行集中耕种、粮食生产实现全程机械化作业。通过机械化作业，每公顷降低生产成本 500 元，合作社实现机械作业收入 20 万元，扣除日常维护和管理成本，仅机械作业一项实现纯收入 15 万元。

二、经营管理模式

任何一种类型的农民专业合作组织若要获得持久发展，必须选择一条科学的经营模式和运行机制。则字村农机合作社在选择运营模式上并不是一帆风顺的，也走了一段规范运作的股份合作制之路。2005年在合作社成立之初，只凭着将农户和耕地集中起来共同经营的美好愿望，将138户农户220公顷耕地吸收入股，由于缺乏科学有效的经营管理理念，没有充分调动社员的责任心和积极性，造成大部分入股社员"偷懒"，几乎回到了"大帮哄、大锅饭"的老路，合作社经营亏损近10万元。农民对此形容说："哥兄弟都整不到一块儿，大伙凑到一起早晚得完。"针对这种状况，2006年年初，合作社的理事长（村书记）李志祥召开社员代表大会，认真研究了合作社存在的问题，主要是合作社的运行方式不科学和管理制度不严密。于是，合作社重新修改完善了章程，重新建立了民主管理机构，确定了合作社耕地由大户承包、社员不直接参与耕作的经营方式，并制定了一整套严密的管理规章制度。经过重新调整经营模式和运行机制后，2006年合作社当年实现经济纯收益20余万元，并逐步走向了规范的发展道路。其经营管理模式归纳起来主要有3个特点。

（一）实行股份合作制，实现农民自主管理

合作社采取社员以承包的耕地自愿入股的合作方式，实行股份合作制。由社员投票选举产生董事、理事和监事，组成董事会、理事会和监事会，并选举产生理事长，制定出《则字村农机合作社章程》。通过股份合作制这一有效形式，把合作社的兴衰与社员利益挂钩，形成风险共担、利益共享机制。社员通过董事会、理事会和监事会参与农机合作社的日常管理，合作社重大事项的决策权交社员大会集中投票表决，实现了社员的自主管理，切实保障了入股社员的权益。

（二）创新经营模式，规范收益分配机制

具体包括 3 个方面创新。

第一，土地经营由社员共同耕作转为发包经营。合作社将社员入股的 500 公顷耕地转包给 6 户种植大户经营，承包经营大户除每公顷向合作社交纳 4 000 元租金和 280 元机耕费以外，还要承担种子、肥料、耗油、灌溉及雇用人工费用，社员不再直接参与种植决策和具体生产过程。

第二，内部管理由共同管理转为薪酬制管理。合作社在制定完善章程的基础上，根据规范发展需要，详细制定了合作社用工方案、农机具管理、驾驶员聘用、水电管理、油料管理、财务管理、院内管理、护青、收益分配等一系列严密的管理制度。这些制度使合作社做到了 3 个分开。一是入股社员与合作社的直接经营管理分开，重大问题召开社员大会决定，不参与正常经营管理。二是入股社员与合作社出勤人员分开，即入股不一定在合作社参加作业。三是社员入股分成与合作社人员报酬分开。参加合作社管理作业人员，按岗位、工时、绩效确定报酬，全部体现"多劳多得"的原则，包括理事长在内的所有人员没有固定工资，全部挣效益工资。合作社常年聘用的驾驶员依照机械作业种类不同，按作业量、工作完成质量的多少发工资；其他临时用工随用随雇，也全部实行计件工资。这样在体制上实现了合作社的完全民营化，经营独立，确保了绩效至上，避免了在新的体制中再存在"大锅饭、大帮哄"的现象，确保了合作社发展的内在动力。

第三，收益分配由单一股金收入转为股金＋分红＋工资。合作社对每年的种植业收入按 6∶2∶2 的比例进行分配，其中承包经营户占 60%，入股社员分红和合作社积累各占 20%。按照这种分配方式，社员除每公顷有最低 4 000 元的收入外，还享受 20% 的股金分红，同时在合作社内打工还有工资性收入。这种收益分配方式把承包经营户、社员和合作社三方的利益紧密地联结在一起，成为利益共同体。

(三)发挥机械化作业优势，实现土地集中规模经营

这是发展农机合作社、实现农机化的根本意义。则字村农机合作社将社员入股耕地全部实行统一耕种、全部实现机械化，最大限度地减少人工。2007 年，合作社利用大型农机具做到春季统一整地、深施基肥、机械精量平播、机械起垄、喷灌浇水、机械中耕、机械药剂除草、机械追肥、机械收获、机械脱粒、统一出售，将机械化作业渗透到粮食生产的每一个环节，真正发挥大型农业机械作业的优势。

三、效益分析

则字村农机合作社代表了未来一个时期农业机械化的实现方式和发展方向，体现了"大农机"作业的效益优势，突出表现在 3 个方面。

(一)推进农业标准化建设，促进了农业增效和农民增收

2007 年则字村农机合作社 500 公顷耕地，全部实现了订单种植。其中，与乾安双军公司签订的 300 公顷黏玉米，全部按照公司要求采用标准化机械统一耕种，提升了黏玉米品质，降低了斤粮成本。合作社 300 公顷黏玉米的播种，全部经人工选种后，使用气吸式精量播种机精量播种，每公顷用种 12.5 千克，较农民常规人工播种每公顷省种 15 千克，合作社 300 公顷黏玉米仅省种一项节省开支 7.2 万元。通过大机械作业粮食增产效果也十分明显，经比较，合作社的黏玉米较常规耕作法增产 15％左右，加之籽粒饱满、色泽度好、含水率低，提高了产品等级和销售价格。合作社每公顷黏玉米销售收入达 1.3 万元，比常年大田玉米增收 3 000 元。同时，合作社的农机具除在本村作业外，还对外承包种草作业 200 公顷，收入 5.2 万元；承担外村屯修路等挖掘土方作业收入近 5 万元；到扶余县进行跨区作业收割玉米 600 公顷，收入 9 万元。预计 2007 年合作社纯收益在 40 万元以上，社员家庭人均纯收入达

6 000 元以上，比未入社农户高出 1000 元左右。

（二）加强基础设施建设，提高了抗御自然灾害的能力

日益严重的干旱和日趋薄弱的基础设施，一直是困扰吉林省西部地区农业生产的难题。则字村农机合作社依靠 43 眼机电井和喷灌设备以及大规模机械深耕、深翻等机械整地作业，提高了抗御自然灾害的能力，使这些问题迎刃而解。2007 年，乾安县遭遇了特大旱灾，合作社利用喷灌将往年浇一遍的地浇了 5 遍，每公顷普通玉米产量达 10 000 千克，与往年持平；而未入社的耕地采取传统的垄沟灌，耗水量大，灌溉时间长，只能灌溉一遍，产量只有六成左右，这也是当年全村粮食产量总体减产三成的主要原因。

（三）调整农村产业结构，转移农村富余劳动力

则字村农机合作社有效地解决了由于农户分散经营导致的低效生产、无序竞争等问题，实现土地由粗放式经营向集约化经营转变。采用大型机械化作业后，全社 230 户社员 500 公顷耕地仅由 35 人就全部完成耕作，比常规情况下至少节省了近 200 个劳动力，使这些劳动力从繁重的农业生产中解放出来，腾出更多的精力从事养殖业、进城打工或者从事第二、第三产业。2008 年外出劳务人员达 213 人，占劳动力总数的 26%，可实现创收 94 万元。在合作社内从事种植业的田间管理、灌地、收地等季节性务工人员 7 500 人（次），收入达 30 万元。两项合计，2007 年则字村劳务经济可收入 124 万元。

第六节 土地流转专业合作社

2008 年，甘肃、四川、山东等省，出现了一种新型农民专业合作社——土地流转合作社，为实现农村土地的有效流转、促进农民增收、推动农业产业化发展开辟了一条新路。土地流转合作社也快速推行开来，并日益受到各界关注。通过近

两年的努力，土地流转合作社在提高农民的组织化程度，保障农民分享土地增值收益上取得了一定成效。但是从整体来看，全国大部分村庄在土地规模化流转的达成、农民生产与生活的保障、合作社的运转等很多层面上存在着问题，如何有效解决这些问题？田种湾村土地流转合作社的经验值得借鉴。

一、田种湾村土地流转的基本情况

田种湾村位于河南省新密市西北 25 千米处的尖山管委会中部，海拔 900 多米，全村下辖 12 个村民小组，480 户，1 720 口人，耕地面积 1 500 多亩。该村是革命老区，地处山区，一直是省级贫困村，人均耕地面积仅为 0.89 亩，粮食作物以小麦、玉米为主，产量均为 300 千克/亩左右，由于基础设施较差，如遇天灾则会颗粒无收。2007 年农民人均纯收入为 800 多元，大部分村民都外出务工。鉴于这种情况，2007 年，该村 11 户农户由村委牵头把 20 多亩耕地出租给种菜大户，租赁价格为 700 元/年。当时大部分农户还不敢流转，因为土地仍然在解决吃饭问题上发挥着重大作用，一旦流转出去他们担心无任何保障会影响生存安全。2008 年适逢旱灾，农民的玉米几乎面临着颗粒无收的局面，村委借机动员村民把玉米地作为新增流转土地，扩大蔬菜种植规模，将租赁面积扩大到 120 亩，规划为 3 个蔬菜种植区，同时将租赁费改为 350 元/季，租赁期为 6～10 个月，农户的收益得到极大提高，同时租赁期较短，农户也放心。为了进一步扩大土地流转面积，蔬菜种植户在市农业局和村委的引导下，按照"民管、民办、民受益"的办社原则，成立了"新密市伏羲山合作社"，土地流转面积达到 560 亩。

二、土地流转合作社成立的可能性

田种湾村地处山区，一直是省级贫困村，人均耕地面积仅为 0.89 亩，农业基础较差，水源不足、信息闭塞，基本是靠天吃饭，农民信守的仍然是"庄稼不收年年种，总有一年好收成"的观念。该村大部分耕地全部种植普通粮食作物，小麦和玉米产量均为 300 千克/亩左右，旱涝之年几乎都会颗粒无收。尤其是随着近年来农资价格的上涨，土地的产出收益非常低，除去每亩生产资料投入和劳动力投入，纯收入为负。这些问题的存在成为田种湾村土地流转合作社成立的基础条件。田种湾村的情况虽然有些特殊，但仍是很多村庄面临的共同问题。农民知道土地产出已经难以提高，也普遍有合作意愿，但是合作面临着利益分配、生活保障等一系列难以解决的问题。解决这些问题单纯依靠国家的微弱投入显得有些微不足道，从更为根本层面来看，积极发现介入力量引导农民合作成为关键。

田种湾村能够引导农民合作的主导力量是村两委，村两委成员都是村里的积极分子和能人，他们上任后积极通过关系寻找村民致富的项目，2007 年与市蔬菜研究所及农业局合作，通过农业局的指导，认为村庄由于地势较高可以种植反季节蔬菜，同时，6 月份小麦收割后开始种植蔬菜，10 月蔬菜收割完毕后把耕地交付农户用于小麦种植。于是 2008 年，村委鼓励村民把土地流转给种田能手，并引导成立了土地流转合作社，这样农户不仅可以保证小麦的耕种，解决农民的吃饭消费问题，而且农民每亩土地每年还可以获得 700 元的租金。

三、土地流转合作社出现的必然性

合作社成立后，由市蔬菜研究所提供种子、农药、化肥和技术指导，由于蔬菜质量较高，而且是反季节蔬菜，这使得蔬菜销路异常好，蔬菜不出山地就销售一空，种菜户均收入可达 5 万元。由于土地的合理流转以及合作社的存在，可以保障土地流转租金的交付，并且合作社随时根据土地收益提高租金，使得劳动力可以安心在外务工。同时，全村的老年人也可以在菜地务工，月收入可达 400 元。土地合作社的成立很好地解决了乡村闲散的劳动力问题，同时合作社也提供乡村一些基础设施的建设，使得靠天吃饭的农业生产逐步改善，农民的生产热情得到提高，农民逐步感受到合作经营的优势。在与市场打交道的问题上，合作社基本上承担了所有问题，由于一些村委成员也是合作社创立者，他们积极推动农户土地经营与合作社的良性运转。合作社定出最低收购价格，保证群众的最低收益。在流通、销售方面，合作社协商集体购买运输设备，用于外销，同时与地方市场、超市等签订直供协议，保证蔬菜的顺利销售。在合作社的积极推动下，不仅提高了收益，也解决了很多人的就业问题。

对于主要的农业产区来说，由于人地关系紧张，耕地对于农民来说异常珍贵。虽然分田到户调动了农民生产的积极性，但是这也仅是解决了农民的温饱问题，而如何让土地发挥更大的效用已经不是一家一户所能解决的问题。分散的小农家庭经营模式很难推动农业、农村的发展。因此，在继续稳定家庭承包责任制的基础之上，让农民自愿以各种形式组建农民专业合作社，是实现农民增收的关键。而田种湾村土地流转合作社的实现，不仅解决了土地的细碎化问题，而且实现了"家庭农场＋农民合作经济组织"的双重经营模式。合作社可以接收农户申请托管的土地，合理利用撂荒地。由合作社进行规模种植或通过乡镇调剂和网上招租等形式，可以把土地承包出去，解决"包给谁"和"谁想包"的土地使用供求矛盾和土地撂荒问题，使土地流转进入有序的市场化轨道。同时，合作社不断地扩展自己的合作范围，实现家庭农场之间跨村的联合，保证农民形成规模经营的优势，与各种市场主体展开积极有效的竞争，将农业产生的经济效益留在了农村。

第七节 "农业专业合作社＋银行"专业合作社

合作社作为新时期农村的一种新型经济组织形式，通过组建农户间的利益共同体，构建集约化、专业化、社会化相结合的新型农业经营体系，有力推动了规模、高效农业发展和新农村建设。据新疆维吾尔自治区农业厅统计资料显示，到 2012 年年底，全区农民合作社总数已达 7 717 个，比 2011 年增加 2 433 个，接纳入社成员数及带动农户数达到 111.7 万户，占全区农户数的 44.3%，使农业经营组织化程度得到进一步提高。

坐落在新疆塔克拉玛干沙漠边缘的阿克苏地区红旗坡农场，阳光充足，昼夜温差大，加之无与伦比的水土自然资源，让这里的苹果和红旗坡一样独特。就如"红旗坡"牌冰糖心红富士苹果享誉新疆内外一样，经营"红旗坡"苹果的阿克苏市悯农果蔬农民专业合作社同样出色。

阿克苏市悯农果蔬生产专业合作社成立于 2008 年 3 月，在理事长任志东的带领下，该合作社社员已达 370 多户，果园定植面积 8 000 余亩。其果品销售网络已辐射到北京、上海、广州、金华、沈阳、宁波、杭州、福州等大中城市，不仅拥有苹果分拣的自动化生产车间，还拥有万吨储量的冷库，并自设销售点建立起稳定的销售渠道。

会种更要会销。该合作社通过订单，建立了稳定的果品种植、收购、储藏、包装、运输等一条龙服务，使果农可以专心生产，没有后顾之忧。为确保果品的安全、有机、绿色，他们搭建了统一的流通平台，并联合区内外 8 家销售公司，成立了新疆首家跨省跨地区的农民专业合作联社，现在合作社不但在内地设立了直销店，还实行了"农超对接"。该合作社还准备投资 20 万元，开发自己的电子商务直销平台，搭建新的市场网络营销方式，加大推行网上销售。

叫好还得叫座，品质源自管理。为保证果品生产全过程实行绿色无公害标准化种植和管理，在合作社里，建立了果品种植基地，社员可以共享信息和技术，社里还配有 12 名专职技术人员，专门为社员提供及时的技术指导与培训，实行统一的施肥、修剪、采摘、入库、包装和销售等。

银社联手，合作共赢。通过"农行＋合作社＋果农"的合作模式，阿克苏农行在积极支持专业合作社发展的同时，立足农村实际，因地制宜，通过"合作社＋农户""基地＋农户""专业市场＋农户"等信贷模式的金融创新，取得了很大突破。仅以悯农果蔬合作社为例，近三年来，就累计获得农行贷款3 400万元，205 户苹果生产农户共贷款 4 200 万元，合作社从小到大，迅速发展起来。2012 年，合作社销售果品 12 000 多吨，实现销售总额 1.3 亿元。

合作社就像农户的家，而银行是合作社的好管家。社员背靠合作社这棵大树好乘凉，合作社又因为有农行的支持而快速成长。悯农合作社的果农说，不管年成好坏，他们的果子销路都不用愁，不仅收购价格高，能享受免费的技术指导，还能通过合作社担保，及时方便地取得贷款。"农行不但为我们果农生产提供了资金支持，还提供优质服务，上门为我们安装转账电话、POS 机等现代化结算装置，社员到社里结账只要用惠农卡轻轻一刷就 OK 了，农行成了我们的金融管家，特别是我使用的农行'商惠通'更快捷、方便。"理事长任志东如是说。

有了合作社，不仅让农产品品质得到了保障，依托合作社市场营销网络，还把农民的分散经营同千变万化的大市场有效对接，形成了产、供、销一体化，大大提高了农业生产市场化水平和农民的综合收益。比如悯农合作社，利用自动化设备分拣出不同质量的苹果，通过标准检测，实行优质优价，每年可以为合作社多赚取利润 300 多万元。即便如此，合作社还把这多赚取的利润按比例返还给果农，极大提高了果农的生产积极性。同时，随着经营规模的扩大，他们每年都安排 50 多个就业岗位，让剩余劳动力也分享了合作社发展的成果。

第八节 大规模经营农户专业合作社

一、概述

大规模经营农户型合作社主要包括有较大种植或养殖规模的专业经营大户、技术能手和技术干部以及具有一定威望的乡村干部。

"能人领办型"合作社是由从事运销、生产、经纪的能人大户牵头,联合从事同种专业生产的农民自发建立的农民专业合作社。这种生成模式一般是形成相对松散型的农民专业合作社,也有一小部分经过一定的发展后开始建立实体,进入到农产品的加工增值环节。这种模式下会员一般只缴纳少量的会费,依靠大户投资开展各项业务活动,能人大户是合作社的核心,对于合作社的生存和发展起决定性作用。合作社收购和推销产品通常采取买断制、代理推销、中介或保价收购等方式。

这种模式下,牵头的能人大户一般是当地的技术或经营能手,他们在农村具有一定威望,由他们牵头成立的合作社在民主和独立性方面最优,农民的接受程度也最高。这些能人大户有较强的判断力和决策能力,降低了组织成本,有利于摆脱知识水平较低的农户的干扰。合作社带头人对新品种、新技术首先采用试种的办法,在小部分试验田进行实验,实验成功后再推广到合作社的农户中,实验的成本由带头人自己承担,减少了农户的风险。在生产过程中,新技术由合作社统一培训、指导和监控,保证了产品质量。据调查,由于决策权在合作社,农民对生产什么、怎么生产、生产后的销路都不用操心,是农户愿意加入合作社的原因。这种形式的合作社能够迅速将农民组织起来,适应市场能力强,适合我国的国情。

但是,这种模式也有一定缺点。一是由于合作社依赖于这些能人大户,合作社的健康运行需要这些有组织能力和开拓精神、热心为农户服务、懂技术会经营的牵头人作为组织的领导层，一旦这种能人出现缺位，会导致组织运行的不稳定，也就是合作社如果对"能人"过分依赖，就可能随着能人的消失而消亡。二是带头人的经营素质对于合作社的作用也相当大，如其决策失误就会造成组织的损失。三是合作社运行过程中监督难度大，有时会打击小户的参与积极性，凝聚力不强。四是有的仅局限在一个小区域发展，空间和范围受到很大限制。

因此，对于此类合作社政府应加强对农村能人的培训，让农村能人对《农民专业合作社法》有全面正确的认识，摆正自己与合作社的关系；加强对合作社的规范，帮助他们建章立制，完善分配机制；帮助引导合作社拓展发展空间和领域。

此种模式需要有能人和经营大户做主导，是农民比较容易接受的一种方式，比较适合于农产品商品率较高、已经形成一定的产业规模，具有一定产业聚集度的地区。

能人领办型专业合作社多出现在我国中部的平原地带，是中部地区的主要发展模式。原因是由该地区的社会发展与资源禀赋所决定的：一是生产方式比较落后，市场经济不发达，有实力的龙头企业不多；二是农业基础雄厚，是全国重要的粮食生产基地，所以容易形成生产集群，而生产集群的出现必然会出现专业农户乃至专业大农户，并且农业服务部门在该地区有着较长的历史和良好的基础条件；三是作为组织成员的农民素质相对较低，而政府职能在该地区转变有限。由于以上原因，中部地区适合发展能人和农服部门牵头的，为农户提供采购、销售和服务的官民结合型的合作社，即能人领办型模式。

二、典型案例

(一)安化阿香柑橘专业合作社

安化县柘溪库区是湖南省优质柑橘产区，20世纪70年代开始发展柑橘生产，柑橘业逐渐成为库区农民的一项致富产业。但是，受一家一户经营、规模小而分散、信息不灵，以及交通不便等因素的制约，柘溪库区柑橘产业发展速度一直较慢。20世纪末，我国柑橘生产出现了结构性过剩，安化县柘溪库区生产的柑橘也出现了"卖难"，严重地挫伤了库区果农种橘积极性，有的橘农忍痛砍掉橘树改种其他作物。

生长在库区，长期从事柑橘种植的能人夏绪平，通过调查研究和市场分析，认识到要稳定发展库区柑橘生产，克服小生产与大市场的矛盾，提高橘农经济效益，就必须走合作经营道路。2000年11月，夏绪平牵头利用自身优势组建了阿香柑橘专业合作社。率先发起的社员有8户，集资50多万元，租赁厂房1 000平方米，当年为社员外销柑橘1 500多吨。合作社盈余按交售量返利25％，按股金分红30％，20％留作风险基金，25％留作发展基金。随着社员的增加，合作社积极实施品牌战略，推进标准化生产，产品质量日益提高。"阿香"牌柑橘先后获得国家绿色食品A级产品认证并选入"中华名果"，2003年被农业部农产品质量安全中心认证为无公害农产品；2004年被中国绿色食品发展中心认证为绿色食品A级产品；2006年被北京中绿华夏有机食品认证中心认证为有机食品。该合作社由于成绩突出，2003年被农业部评为全国农民专业合作组编先进单位；2005年被湖南省人民政府授予"十佳农民专业协会"称号；2006年被益阳市人民政府认定为农业产业化龙头企业。

为扩大品牌效应，合作社改进工艺流程，投资20万元新建两条日加工能力45吨的生产线，按大小、色泽、光度等分类包装；投资70万元在东北举办展示会，加大电视广告宣传力度，成功抢滩东三省和新疆市场。2008年柑橘大实蝇事件发生后，"阿香"牌柑橘在外地市场仍较畅销，售价要高出一般柑橘0.4元/千克左右。同时，合作社拥有自主出口权，可把"阿香"柑橘直接销往俄罗斯、东南亚等国际市场。

目前，该合作社已发展成为集柑橘生产、加工、销售一条龙，产前、产中、产后服务一体化的专业合作社。合作社创办时只有社员 8 人，截至 2009 年，社员已发展到 651 人，遍布库区的 8 个乡镇和一个林场。与合作社建立了稳定联系的农户达 4 200 多户，合作社基地规模达到 28 000 亩。

(二)温岭箬横西瓜合作社

西瓜是浙江温岭市箬横镇的农业主导产业，1999 年全镇西瓜种植面积达到了 400 多公顷。但随着西瓜产业的蓬勃发展，出现了许多新的情况、新的问题。主要表现在瓜农难以有效连接市场，出现卖瓜难；千家万户种西瓜，技术服务跟不上；提升品牌，缺乏有效的载体。

为了化解农户小规模生产与农产品大市场难以有效对接的矛盾，提高农户的组织化程度和市场交易能力，2001 年 7 月，在西瓜种植大户彭友达倡议下，种植面积在 6 670 平方米以上并且有 3 年以上生产经验的 29 个西瓜种植大户组建起了温岭箬横西瓜合作社。合作社成立伊始，便实行培育种苗、质量管理、农资供应、分级包装、商标品牌、市场定价和运营销等六"统一"，并按标准销售非社员产品。在盈余分配上，提取 10％公积金和 5％风险金后，85％盈余按股份及交易量返还社员。优质的生产服务，合理的制度安排有效调动了农户入社的积极性。2003 年合作社股金达到了 2 300 万元(2 万股)，持有股金最多的 1 500 股，最少的也有 100 股。2005 年种植规模达867 公顷，销售西瓜 2.6 万吨，销售额达到 7 820 万元，比2000 年扩大 10 余倍，同时每 667 平方米经营成本降低了 300多元。打造的"玉麟"牌西瓜成为浙江著名商标，在国内外拥有较高知名度和竞争力。2005 年返还社员盈余 1 050 万元，平均增收 1 万余元，非社员瓜农增收 1 520 元。

合作社的创立和发展，切实提高了瓜农的组织化程度和西瓜产业的经营水平，增加了西瓜产业的经营效益和社员的经济收入，有力推进了合作社更好更快发展，主要的效益表现在以下几个方面。

(1)规模效益。合作社实行规模经营，西瓜生产成本、销售成本、市场开拓费用和生产服务费用大大降低，每亩降低生产成本 400 多元，规模效益显著。

（2）品牌效益。合作社实行品牌经营，"玉麟"牌西瓜在市场上有极强的竞争力，每千克市场销售价格高出其他西瓜 1.8 元以上。而且市场占有份额稳步上升，品牌效应非常显著。

（3）增收效益。合作社谋求共同利益，促进农业增效农民增收作用明显。社员年人均纯收益 10 多万元，实实在在依靠农业实现了发家致富。

（4）产业效益。在合作社示范带动下，温岭市东南沿海形成了 5 333 公顷西瓜产业带，在海南、广东等地形成了温岭农民经营的西瓜产业群。

合作社规范运作、标准生产、做强品牌、统一服务，把西瓜产业的信息、生产、服务、市场营销和利益分配等几个环节紧密组合起来，提高了农民进入市场的组织化程度，实现了传统农业向现代农业的跨越，使西瓜经营效益显著提高，瓜农经济收入稳步增长，真正起到了"建一个组织，树一块品牌，兴一项产业，活一地经济，富一方百姓"的作用。合作社创办人彭友达也被称为"西瓜大王"，2005 年获得"全国劳动模范"称号。

第九节 农村基层组织专业合作社

一、概述

农村基层组织具有协调生产、技术指导、市场信息服务、资金筹措与调配、协调管理等职能。客观上讲，农村基层组织有引导农民进入市场，作为农民和市场连接纽带的职责。农村基层组织具有一般普通农户不具备的资源优势，比如资金、设备、信息、技术、组织动员能力等，这些资源优势是基层组织创办农民专业合作社的基础。基层组织牵头型合作社是结合农业结构调整和本地专业生产情况，由村委会、村党支部、基层部门利用其引导优势和资源优势，围绕某一特色产业或主导产业，牵头创办的农民专业合作社。基层组织领办合作社也是其为农民服务的重要手段。

由于基层组织是最贴近农民的村级组织，所以能够容易切实有效地发动群众、联系群众与帮助群众，并且能够有效地协助农民专业合作社为农民服务。在这种类型的合作社运行中，基层组织起到组织带动和管理服务的双重作用。

这种类型的合作社也存在一些缺陷。一是思想认识有误。部分农民专业合作社负责人或会员认为合作社的事是自己的事，在合作社规划、建设、发展等方面，基层党组织不宜插手，不愿接受基层党组织的指导，乐于"自编、自导、自演"，任凭其发展。二是发展质量不高。一些农民专业合作社发展规模较小、覆盖面窄，成员大多局限在乡、村范围内，合作社之间合作、联合"闯"市场的不多。绝大多数合作社停留在初级农产品的简单生产和销售上，参与市场竞争的能力不强，辐射带动能力差。

这种形式有利于合作社的创建，但也容易遇到因执行政府的某些目标而影响合作社民主管理，因此适合农民对组织的认同感较强、主动参与管理活动积极性高的地区。

二、典型案例

（一）天津友林农业种植专业合作社

2007 年 9 月 2 日在沙三村村委会组织下，沙三村成立天津友林农业种植专业合作社，合作社以服务成员、谋求全体成员的共同利益为宗旨，依法为成员提供农业生产资料的购买、农产品的销售、加工、运输、贮藏以及与农业生产经营有关的技术、信息等服务。天津友林农业种植专业合作社走农业组织化、规模化、机械化道路，实行统一购买农药、统一购买化肥、统一打药，而社员分户管理冬枣树，形成了农资供应、技术服务、统一销售的一条龙服务。合作社成立后，提高了生产效率，加快了新技术引进步伐，降低了生产成本，提高了农民收入。2008年产生规模效应，由于采购量大，合作社以每千克低于市场价0.6元价格从供应商手中直接购进50 000千克二胺、50 000千克有机肥，以每500克低于市场价0.4元价格购进叶面肥5 000千克，杀菌药3 000万千克，为社员集体打药，仅此两项就直接为社员节省投入7万多元。2008年销售冬枣120吨，为社员人均收入增加2 460元。2009年春季合作社又购进了汽动剪枝机，由原来每人每天剪枝667平方米果园增加到2 000平方米。该合作社正从注重生产、销售，轻管理的旧经营模式中走出来，逐步加强制度建设，账务管理，统一品牌，加强食品安全建设，向规范的企业化管理模式发展。

（二）天津滨海明星冬枣种植专业合作社

天津滨海明星冬枣种植专业合作社，在农户自愿的基础上，由村委会扶持，成立村委会牵头的农民专业合作社，将村民从利益上连在一起，依托村委会在村里的威信，促进农民专业合作社的发展，达到富民强村的效果。大港区太平镇太平村村委会根据合作社法的要求，于2008年9月在工商局登记注册了"天津市滨海明星冬枣种植专业合作社"，领取了营业执照。合作社涉及农户345户，入股投资总额达240万元。合作社成立以来，精心组织，按照广大股东的意见高薪聘请技术人员为农户进行全程的技术指导，组织专业队伍统一为农户枣树喷施农药，搭乘邮政服务三农平台为农户销售冬枣服务活动。2008年该合作社枣农在技术人员的指导下，根据枣树的不同类型采取产量与养树并重的原则，根据统计，70%的树木开夹结果，产量达50万千克、总收入达180万元。在管理模式上，2009年该合作社采取统分结合的管理形式，即在技术员的指导下，由枣农自己负责树的修剪、抹芽、摘心和开夹等一系列的田间管理，合作社租用三台泵车，组成15人的专业农药喷施队伍进行作业，一般情况下两天可喷施一遍农药，保证用药安全，做到高效低毒确保果品质量。2009年该合作社通过一系列的措施加大技术培训力度，继续聘用合作社技术员，利用村委会的设备讲解有关冬枣栽培种植的理论、修剪管理技术知识，利用田间地头现身说法讲解实际操作技术，使广大枣农完成粗放管理、重视管理、科学管理的三步曲跨越。

第十节　供销社指导领办专业合作社

一、概述

农村供销社自 20 世纪 50 年代创建以来，经过不断演变在各地区表现出不同发展态势，但真正"还社于民"，恢复组织上的群众性、管理上的民主性、经营上的灵活性的不多。由于没有根本解决农民社员作为其财产所有者的地位和相应的剩余控制权，因而一直未被农民认可。而且由于人才缺乏、机制僵化，其经营可谓举步维艰。随着参与农村产品流通的主体增加，供销社迫切需要按照"民办"和"市场化"的取向推进制度创新，以领办农民专业合作社为切入点，彻底改造供销社和壮大农民合作社正成为一种可行的模式选择。

这类合作社是以供销社为依托，按照合作制的原则，由供销社及其经营管理人员、村级农资经营点人员以及当地农民共同出资入股组建，凡承认社章并按规定入股即可成为合作社成员；合作社为农民提供农资、农产品销售等服务，社员按股分红，风险共担。

供销社指导领办型农民专业合作社形成的原因，一方面，在广大农村，农村供销社丰富的资源并没有得到有效利用；另一方面，要成立农民专业合作社，既缺乏领办者，又缺少原始资本金等必需"要素"。尤其在我国中西部地区，农业产业化经营水平较低，专业农户也较少，人力资本外流沿海发达地区，农民专业合作社领办者、原始资本金等普遍缺乏。供销社在这方面的条件可谓得天独厚，借助其组织网络、人力资本、信息传导等资源要素，通过领办专业合作社来改造原组织结构也就成为必然的选择。供销社正好符合合作社的四个必备条件：第一是农民信任，第二要懂得合作社的基本原则，第三是有经营管理经验，第四有一定的经济和技术实力。

供销社指导领办型带动增加了收入，而且基层供销社也找到了新形势下发挥作用的大舞台，开拓了服务"三农"的新天地。缺点是供销社由于多年来形成的思维定式和思想观念，在按合作社法规范运作上需要加强引导，否则容易走上供销社发展的老路。因此政府部门加强教育培训，帮助供销社系统更新观念，解放思想，放下包袱，严格按合作社法的章程办事，实现供销社与社员增收致富双赢目标。

这种模式生成的农民专业合作社组织效率较高，但是组织民主性较低，农民的参与度也一般，从目前来看，较适合作为一种补充和过渡模式，先将农民组织起来，再逐渐发展和规范，向更高级的合作社形式发展。

二、典型案例

（一）峰庄农副产品专业合作社

山东滕州市峰庄供销社 2003 年牵头组建峰庄农副产品专业合作社，重点生产土豆、毛芋头。合作社利用 60 万元社员股和供销社 1.33 公顷闲置土地，建设集农副产品收购、储存、加工、运输、信息服务为一体的农产品综合服务中心。同时依托供销社组织专门营销队伍，建立销售网络，在广州、福建等地七大农副产品批发市场设立销售网点。每年仅在广州的江南市场就销售土豆 250 多万千克。同时主动依托当地贸易公司开展产品出口业务，每年出口土豆 100 万千克，有效解决了社员产品销售难题，带动约 1 333 公顷土地种植结构的调整。对社员统一良种、农资、技术、销售服务，其中种子、农资实行保本赊销，待产品收获后交到合作社予以抵扣。对社员交售的产品以高于市场价价格收购。合作社事业稳步发展，广大社员和供销社收益日增。2006 年社员达到 130 户，1 333 公顷实现标准化种植。合作社每年为供销社增收 5 万元，土地租金和管理费达 3.5 万元，扭转了连年亏损局面。目前合作社正积极组织产品认证、商标注册，推进特色品牌经营战略，探索自营出口，加紧建设恒温冷库和毛芋头加工厂，解决集中收购季节销售困难，增加社员加工环节的利润。

(二)湛江市硇洲农资专业合作社

广东省由各级供销社组建的合作社有 74 个。湛江市硇洲农资专业合作社是在 2001 年由硇洲供销社牵头成立的，合作社社员中，供销社职工股东大约占 70％、农民股东占 17％、供销社法人股占 13％。合作社主要为蕉农提供化肥、农药和收购(代销)香蕉以及提供技术指导，其业务部门设有 4 个经营网点、2 个中心(化肥配送中心、香蕉购销代理中心)、2 个农药门市部。在农资经营方面，一方面采用与农资供应商分摊运输成本的方法，以降低成本；另一方面，建立服务队伍，为农民提供直接到田间的农资配送服务，形成了配送中心—农户和配送中心—村级销售点的营销网络。

在农产品销售方面实行让利于农、薄利多销的做法，成立购销代理中心，解决产品的销售问题，合作社参与了整个交易过程，并提供一条龙服务。例如，为客商提供免费食宿和定额减免电话费服务；经常以电函、电话等形式提供产品的供求和价格信息；代办装车、有关税费的缴交等业务；较大比例地让利客商，所收取的代理费和服务费比其他中介低 40％。

坚持科技为农服务，解决产中问题。近年来该社为蕉农举办了多期农业科技指导培训班；在淡水农药门市部设立了专为蕉农介绍防治香蕉病虫害技术的咨询服务处，聘请庄稼医生为蕉农解答疑难问题，在科技培训和咨询服务中，还为蕉农赠送了农药农具使用光碟 100 多张、资料 200 多套。通过科技指导，有效提高了农民的科学种植水平，减少了投入，提高了单产。

第十一节　依托集体经济专业合作社

一、概述

集体经济组织作为重要的制度遗产，虽然随着我国农村社会的变迁，其服务功能退化，为农户提供的服务非常有限，在农民中的影响力日益微弱，但它仍具有集体土地、设施等资产的管理功能，在为农户的生产经营服务中仍有一定份额，负责人中也不乏"能人"；部分地区的集体经济组织通过产权制度改革等多种方式也得到了发展，实现了集体资产的保值增值。一些地方以其为依托促进农民专业合作社发育也取得了良好效果。

依托集体经济组织发展专业合作社的主要方式，一是依靠集体经济组织先期"输血"，兴办类似于欧美"新一代合作社"的专业合作社，借以壮大集体经济实力。二是推行以土地作为股份的服务性专业合作社，按自愿原则将一家一户的土地使用权流转回归到土地合作社统一经营，合作社成为土地经营的主体，使农民分享工业化带来土地增值的成果，又使集体经济组织得以实体化。三是发挥集体经济组织在信贷担保、信息服务等方面的优势，扶持社区内的农民专业合作社成长。

集体经济依托或改制型既能使合作社成为经营的主体，使农民分享农民专业合作社带来的利润，又能使集体经济组织得以实体化，进一步扶持农民专业合作社的发展与壮大。

但是也存在一定的弊端，由于集体经济组织缺乏法人地位，导致很多村集体不能以村经济组织名义进一步经营好自己的集体资产和实现资产的保值增值，不得以公司的名义进行注册，在此过程中使其专业合作社在市场竞争中处于相对劣势，并且导致部分村民社员的股东权益没有得到有效保障。

这种模式适用于集体经济较为明显的地区，能够容易并有效地组织农民，发挥其自身的功能。

二、典型案例

（一）百合兴盛土地专业合作社

2008年12月北京金海湖镇沫水村153户农户在集体经济组织的倡导下，147户自愿联合组建了北京市第一家土地专业合作社——百合兴盛土地专业合作社。

一般合作社是社员以货币或实物出资，而该合作社社员主要出资方式是土地收益权（不改变土地所有制关系、土地用途，不损害农民土地承包权益），现金出资总额约4.65万元。社员的8公顷土地基本位于村西头最贫瘠的农地，以前的农民在这里种玉米的收益非常低，有的常年荒废。合作社不改变土地用途，在农户"入股"的土地上搭建了63个大棚，租赁给社员或有关公司种植蘑菇、百合等，同时从事与生产有关的技术培训、信息咨询服务。合作社每年按每667平方米土地550元标准向社员发放保底金，合作社盈余则按股份分红。合作社理事长法人代表由村委会主任王学永担任，合作社决策权属于社员大会，合作社重大事务都要有半数以上社员表决。

（二）台州市黄岩富山笋竹合作社

该村针对经济落后严重制约村民收入的现状，积极想办法，以建设笋竹两用林为发展载体，先后垦荒33.3公顷和改种、改造传统竹林46.7公顷，科学栽培管理，建成了80公顷优质高产笋竹两用林基地，使冬笋由两三年前的"零"产量，增至现在的每667平方米产50多千克，竹材采伐产量每667平方米达到1 000多千克，笋、竹两项经济收益由改造前的亩产收入200元增加到2 000元。同时，畴路村成立了"富山笋竹合作社"，打造特色品牌，实行笋竹按级定价，统一生产、统一商标、统一包装、统一销售。本社从事竹笋生产和销售，主要产品注册"牛路"牌竹笋，1999年被评为台州市优质农产品，2002年被评为浙江省绿色农产品，素有"小黄鱼"美称。

第十二节 农产品加工流通专业合作社

一、概述

20世纪90年代以来，我国快速发展的农业产业化经营催生了一批加工和流通型龙头企业。为了确保农产品原材料供给，企业通过"公司＋农户"的"订单农业"模式，即企业与农户签订收购合同。基于龙头企业和农户均为追求各自经济利益最大化的独立的市场经济主体，两者之间存在契约约束的脆弱性和协调上的困难等矛盾。面对千家万户的小农，企业交易成本居高不下，而"风险共担、利益共享"的机制又难以健全。于是，企业为降低交易成本就有了与农民专业合作社发生交易的动机。由于组建合作社需要一定成本，加上创办人供给不足，很多地方农民专业合作社发育不足，为此，一些龙头企业就开始领办或推动农民专业合作社生长。因此，龙头企业带头型一般是由实力较强的农产品加工流通企业为龙头，以契约关系和利益为纽带，主动引导农户组建或直接参与农民专业合作社，形成"龙头企业＋合作社＋农户"的农业产业化经营模式。在三者职能上，一般是农户负责生产，合作社侧重联系和服务，企业侧重营销。龙头企业与合作社可以用合同关系或股份合作关系相互联合，从而将产业化经营的推进和农民专业合作社的发展结合起来。

按照加工流通企业参与组建农民专业合作社的方式不同，龙头带动型模式可进一步细分为两种形式：龙头企业组织农户成立新型农民专业合作社和"产权式"结合。第一种形式由农产品加工、运销龙头企业向原料生产延伸，引导、扶持和组织从事原料生产的农民建立原料生产型农民专业合作社，龙头企业与农民专业合作社以合同契约的关系相连接。第二种形式即农副产品加工、运销龙头企业与农户按照股份合作制结成利益共同体，其具体形式可以是龙头企业吸收农户入股或龙头企业向农民专业合作社投资入股，形成股份合作制企业，企业或农民专业合作社实行按股分红和按交易量分配。这种模式在企业和农户之间建立了紧密的利益联结体，农户可以分享农产品加工和销售环节的利润。

这种模式龙头企业带动农民建立合作社，在企业与农户之间形成稳定的合作关系，可以同时发挥龙头企业和合作社各自的优势。对于龙头企业可以减少交易费用，保证原材料的稳定供应；对于农户，提高了农户的市场谈判地位，改变了农户对企业的依附地位，降低了市场风险，使农户能够分享农产品加工和销售环节的利润。农民专业合作社作为连接龙头企业和农户的桥梁，由其出面代表全体社员与企业谈判，有效弥补了单个农户实力弱的缺陷，减少了交易成本和摩擦成本。同时由于龙头企业经济实力强大，能够吸引数量众多的农户参与，有效提高农民的参与率，合作社作为载体，使龙头企业的技术、管理等要素延伸到农户的种养过程，提高农户的种养水平，并通过合作社约束规范农户的生产、经营行为。

龙头企业带动型也存在缺点。企业是追求利润的，企业希望能够通过农民合作社降低原材料的成本，提高企业的收益，而农民希望通过农民合作社提高谈判地位，分享农产品加工增值部分的收益，在利益分配机制上容易向企业倾斜，社员从销售、加工环节获得的利润容易偏小。二者是存在矛盾的，这是该模式缺点的根本所在。

龙头企业带动型农户的参与率较高，带动能力比较强，但是组织效率一般，社员参与管理度较低，比较适合经济发达地区，已经形成一定的产业发展，具有了一定数量和规模的农产品流通、加工企业的地区。

二、典型案例

（一）山东莱阳市宏达果蔬加工合作社

山东莱阳市宏达果蔬加工合作社是莱阳市宏达食品有限公司联合果蔬大户在照旺庄建立的专业合作社。

随着出口业务的发展，为了解决公司采集农产品原料方面的难题，如原料收购面广、量大、成本高、原料供应不及时、公司与农户关系不稳定等，1995 年 4 月在当地政府的支持下，该公司牵头联合 283 户农民按照自愿互利的原则成立合作社。合作社注册资金中，公司折合 46.5 万元、农户折合 28.3 万元，包括 183 户的 306.7 公顷果园、100 户菜农的 146.7 公顷菜园。合作社民主产生理事会和监事会，社员以村为单位分若干组，按合作社计划种植，合作社与社员签订收购协议，明确最低保护价，同时为社员优惠提供生产信息、资金和技术服务，并按期按照规定提取公积金、公益金后，按交易额向社员返还利润。

2003 年公司开始启动农户自愿认购公司股份，部分社员出资 500 万元认购公司股份，达到公司股金的 1/3，由此把公司与农民利益紧密联结起来。2009 年该合作社社员由 283 户发展到 583 户，股金总额由 74.8 万元扩大到 104.8 万元，入社的社员涉及 20 个乡镇 100 多个村。目前，山东莱阳市将区域内主要依托有关企业推进专业合作社称为"莱阳模式"。自 1995 年以来，全市流通企业参与多个农民专业合作社组建，这些合作社的规模比较大，坚持合作社原则，实行民主管理，没有成为参与的流通企业和服务部门的附属物。流通企业推动农民专业合作社的形式多种多样；有的是国有流通企业作为发起人，联合农民组建专业合作社；有的是国有流通企业以资金、物资、设施、设备等折股参与农民办的合作社；有的流通企业通过与专业合作社外部联合，促进其拓展业务和市场。

（二）泰安市亚奥特奶牛合作社

泰安市亚奥特奶牛合作社是山东亚奥特乳业有限公司1999 年投资 300 万元兴办的山东省第一家奶牛合作社，按照"龙头＋基地＋农户"模式，与农民签订正式的鲜奶收购合同，由合作社监督公司和养牛户对合同的落实，使农户真正参与到公司的生产经营中来。合作社实行"四统一分一集中"，即统一领导、统一规划、统一管理、统一服务，分户饲养、集中机械化挤奶，通过建立奶牛饲养小区、建立奶站、小额贷款、设立牛奶最低保护收购价等，紧密了公司与奶农的利益连接。公司投资 60 多万元在合作社成立了专门的技术服务队，免费为入社农户提供技术指导、咨询；每年投资上百万元对入社农户的奶牛防疫检疫进行补贴；每年销售淡季（春节前后），公司都要拿出 100 多万元补贴收购农户鲜奶，累计投入 500 万元，确保了养牛户的切身利益。这些措施极大地带动了当地奶牛养殖业的发展，奶牛养殖专业户已发展到现在的 3 600 户，存栏 5 万头，转移农村劳动力 20 000 人，累计带动农民增收上亿元，户均增收在万元以上。

第十三节　科技推广型专业合作社

一、概　述

农技推广部门是农业经济发展的直接组织者和参与者，经过长期的发展和积累，在信息、技术、销售等方面具有很大的优势，由他们领办的合作社，有其得天独厚的优势。科技单位或人员利用自身优势，以开发生产高技术含量、高质量产品为目标，发起创建的农民专业合作社。

科技推广型的合作社是指农村各类普及和推广农村实用技术的部门或团体，根据农民自身发展的实际和生产经营的需要，发挥和利用它们在信息、技术、经营场所、设备等方面的优势，牵头领办的合作社。此类也包括政府的农业部门推动而建立起来的合作社。农业科技推广型农民专业合作社的发展模式可以分为以下几种。

（一）"农技站＋农户"模式

这是以农技站为核心，联合本地及周边乡镇农户，按照"自愿、协作、互利"的原则组建而成，统一组织生产及销售活动，或单纯从事某一农产品的供销活动。这是较普遍的一种合作模式。

（二）"农技站＋经纪人＋农户"模式

这种形式是农技站利用在长期服务农民的过程中，形成的良好信用及群众基础，发挥场地、仓储、技术等优势，多渠道地吸纳本地一些经营意识强、市场信息灵、产品销路广的种植大户参与，与广大农户组成利益共同体。这种形式比较适合于非合同性种植、销售，且生产规模大、供销面广、农技站自身难以承担的传统产业和基地项目。

（三）"农技站＋企业＋农户"模式

这是一种集生产、加工、销售于一体的新型农民专业合作社，这种组织的运行不仅可以解决农产品销售难的问题，而且在组织内完成农产品升级和升值，实现了优质优价和利润的内部再分配。

（四）"农技站＋其他机构＋农户"模式

这种新型农民专业合作社集技术、信息、资金、组织生产、经营管理、产品销售等方面的优势于一体，抗风险能力和市场竞争力强。这种模式较适宜于有计划地组织大规模生产和销售的基地，通过为农户提供物资、技术、资金、信息、销售等一系列服务，解决生产和销售中的难题，保护和调动农户的生产积极性。

这种模式的优点是基层农技推广部门的作用得到了充分发挥，拓展了服务的领域，有利于促进当地的农业增效、农民增收，加快现代农业发展步伐，实现农民增收与部门增收双赢。其缺点是基层农技人员少，有时会出现抓合作社与公益服务的精力和时间冲突，一定程度上影响了合作社运作的质量，影响了公益服务的开发。

解决的办法与措施是教育引导农技推广部门统筹兼顾，正确处理正常业务与发展合作社的关系，特别是要把握好合作社的类型，与部门职能相一致，从根本上减少冲突的可能性。

很多农技推广部门是从上而下的纵向直线模式，和相关单位之间的关系不协调，加上各部门的专业性太强，不利于形成一个综合性的服务网络体系。因此适用于农技部门与相关单位关系比较协调、政府支持的区域。

二、典型案例

（一）巨鹿县良华中药材种植专业合作社

巨鹿县良华中药材种植专业合作社是在河北省科技厅推介下，经河北省邢台市科技局、巨鹿县科技局和安国市科技局牵头，与安国市惠农中药材良种繁育有限公司共同成立的一家示范性专业合作社。也是巨鹿县人民政府重点关注，巨鹿县科技局、巨鹿县扶贫办、巨鹿县农业局、巨鹿县林业局重点扶持的中药材种植专业合作社。合作社现拥有成员 680 多名，拥有省级专家 1 名，技术人员 3 名。2010 年，社员种植品种有脱毒丹参、脱毒板蓝根、脱毒菊花、金银花、枸杞、薏米等。社员入股方式为现金，注册登记资金 100 万元。

巨鹿县良华中药材种植专业合作社也是河北冀衡集团硫酸钾复合肥实验基地，河北恒大生物有机肥示范基地，并且承担了山东德州金满田生物有机菌肥的实验推广。巨鹿县良华中药材种植专业合作社也是巨鹿县科技局专属唯一的巨鹿县科技种植推广站，同时也是巨鹿县政府农业整合财政资金办公室下设的巨鹿县金银花、枸杞病虫害防治中心。拥有雄厚的技术力量，巨鹿县良华中药材种植专业合作社特聘巨鹿县金银花种植专家、金银花之父、巨花一号培育创始人解凤岭先生为合作社种植技术终身专家顾问。负责对金银花标准示范方金银花的种植管理、病虫害防治、无公害施肥、生物农药的使用等全程服务指导。

（二）雪龙肉牛养殖专业合作社

为了解决品种、肉牛饲养模式等问题，山东省惠民县家畜改良站和大连雪龙公司在相互考察、调研论证的基础上，确定以合作社的形式共同在惠民县推广雪龙肉牛。通过考察，惠民县畜牧局坚定了成立肉牛养殖专业合作社的决心，决定由县家畜改良站牵头，以全县 14 个乡镇的 80 多个冷配站点的技术人员以及养牛大户为骨干成立合作社。2009 年 10 月雪龙肉牛养殖专业合作社正式成立。

该合作社为社员提供以下服务：一是由雪龙公司无偿提供冷冻细管统一配种，并回收犊牛；二是把全县冷配技术人员纳入合作社管理接受培训，依靠冷配技术员为社员提供配种、饲喂、防疫等方面技术指导；三是帮助社员筹措资金，购买和调剂母牛；四是帮助社员解决饲草饲料种植、加工、贮存和购买等问题。

到 2011 年，已发展合作社成员 1 779 人，缴纳股金计19.7 万元人民币。合作社为社会推广雪龙肉牛配种繁育达12 760 头，已回收雪龙犊牛 837 头。每头雪龙犊牛可比其他品种犊牛多卖 1 000 余元。仅此一项可为社会创造增值效益达1 000 万元以上。

第六章 农民专业合作社扶持政策与项目申报

第一节 国家对农民专业合作社的扶持政策

一、扶持农民专业合作社发展的主要政策措施

《农民专业合作社法》第八条规定："国家通过财政支持、税收优惠和金融、科技、人才的扶持以及产业政策引导等措施，促进农民专业合作社的发展。"同时，国家鼓励和支持包括供销社、科协、教学科研机构、基层农业技术推广单位、农业企业等在内的社会各方面力量，为农民专业合作社提供政策、技术、信息、市场营销等服务。

为保障国家扶持措施的稳定实施，《农民专业合作社法》专门设立了"扶持政策"一章，明确了在产业政策倾斜、财政扶持、金融支持、税收优惠等方面对农民专业合作社给予扶持。

2004 年以来，每年的中央一号文件都提出要支持农民专业合作组织发展。2009 年的中央一号文件提出，将合作社纳入税务登记系统，免收税务登记工本费。在办理税务登记后，各合作社可同时申请办理免税登记。另外，合作社成立后，要办理组织机构代码证，也是免收工本费。

1. 产业政策倾斜

《农民专业合作社法》第四十九条规定，国家支持发展农业和农村经济的建设项目，可以委托和安排有条件的有关农民专业合作社实施。农民专业合作社作为市场经营主体，由于竞争

实力较弱，应当给予产业政策支持，把合作社作为实施国家农业支持保护体系的重要方面。符合条件的农民专业合作社可以按照政府有关部门的要求，向项目主管部门提出承担项目申请，经项目主管部门批准后实施。

2. 财政扶持

《农民专业合作社法》第五十条规定，中央和地方财政应当分别安排资金，支持农民专业合作社开展信息、培训、农产品质量标准与认证、农业生产基础设施建设、市场营销和技术推广等服务。目前，我国农民专业合作社经济实力还不强，自我积累能力较弱，给予专业合作社财政资金扶持，就是直接扶持农民、扶持农业、扶持农村。

3. 金融支持

《农民专业合作社法》第五十一条规定，国家政策性金融机构和商业性金融机构应当采取多种形式，为农民专业合作社提供金融服务。把农民专业合作社全部纳入农村信用评定范围；加大信贷支持力度，重点支持产业基础牢、经营规模大、品牌效应高、服务能力强、带动农户多、规范管理好、信用记录良的农民专业合作社；支持和鼓励农村合作金融机构创新金融产品，改进服务方式；鼓励有条件的农民专业合作社发展信用合作。

4. 税收优惠

农民专业合作社作为独立的农村生产经营组织，可以享受国家现有的支持农业发展的税收优惠政策。《农民专业合作社法》第五十二条规定，农民专业合作社享受国家规定的对农业生产、加工、流通、服务和其他涉农经济活动相应的税收优惠。支持农民专业合作社发展的其他税收优惠政策，由国务院规定。财政部、国家税务总局于 2008 年 6 月 24 日以财税〔2008〕81 号文件，下发了《关于农民专业合作社有关税收政策的通知》，这是专门面向农民专业合作社制定的税收优惠政策。

5. 人才支持政策

从 2011 年起组织实施现代农业人才支撑计划，每年培养 1 500 名合作社带头人；鼓励引导大学生村官参与、领办合作社；支持农村青年创办合作社。

二、政策再好，要靠落实

2013 年中央"一号文件"提出："健全农业支持保护制度，不断加大强农惠农富农政策力度。"并特别提出：要加大农业补贴力度，比如按照增加总量、优化存量、用好增量、加强监管的要求，不断强化农业补贴政策，完善主产区利益补偿、耕地保护补偿、生态补偿办法，让农业获得合理利润，让主产区财力逐步达到全国或全省平均水平；继续增加农业补贴资金规模，新增补贴向主产区和优势产区集中，向专业大户、家庭农场、农民合作社等新型生产经营主体倾斜；落实好对种粮农民直接补贴、良种补贴政策，扩大农机具购置补贴规模，推进农机以旧换新试点；完善农资综合补贴动态调整机制，逐步扩大种粮大户补贴试点范围等。

不仅如此，中央还提出，要继续实施农业防灾减灾稳产增产关键技术补助和土壤有机质提升补助，支持开展农作物病虫害专业化统防统治，启动低毒低残留农药和高效缓释肥料使用补助试点；完善畜牧业生产扶持政策，支持发展肉牛肉羊，落实远洋渔业补贴及税收减免政策；增加产粮（油）大县奖励资金，实施生猪调出大县奖励政策，研究制定粮食作物制种大县奖励政策，增加农业综合开发财政资金投入；运用现代农业生产发展资金重点支持粮食及地方优势特色产业，使其加快发展。

政策再好，要靠落实。在这方面，法国经验非常值得借鉴。法国不仅工业先进，农业也很发达，早就实现了农业产业化与农业现代化。农民合作社是法国农业产业化的主要实施者，目前，法国有农民合作社 6 500 多家，90％的农民都加入了合作社。法国的农民合作社是连接广大农户与全球化市场的桥梁，在法国农村经济中发挥着重要作用。

不管农业科技如何发达，都难改变农业作为弱质产业的根本特征，更摆脱不了靠天吃饭的被动局面。天底下的农民都很辛苦，他们既要面对自然风险、技术风险，还要面对变化莫测的市场风险，所以，农民对农业保险具有强烈的需求。为此，法国的农民合作社提供一些特别服务，包括农业保险、农业投资、经济补贴、农业咨询、技术指导及人员培训等。

与其他国家的农民比起来，法国的农民很潇洒，他们只负责种植和养殖，从不担心产品的销售。而且，无论是国内市场还是国际市场，他们从不自作主张，"一切权力交给农会"，所有的农产品都是交给农民合作社统一销售。比如，以农产品流通领域为主要内容的合作社，统一收购其成员生产的农产品，并为农副产品提供销售、加工、储藏、运输、营销、出口等一条龙服务。

每到收获季节，农民都开着自己的大蓬车，将农产品运送到合作社指定的销售地点。合作社再将农产品分类，如果有需要及时出售的新鲜农产品，就送进冷冻室，然后运送到各大超市或农贸集市上售卖。如果有需要加工的农产品，就储藏起来，进行加工后再出售。所有的农产品，都由合作社根据当年的市场行情统一定价售卖。难怪巴黎郊区一位名叫达尼的菜农会自豪地说，依靠合作社，他们只管种和收，不担心农产品销售，收入稳定有保障。

法国的农民合作社根据经营范围分为农用物资合作社、粮食合作社、奶制品合作社、肉类合作社等。比如农资供应合作社，它建立在家庭农场基础之上，以供应农业生产所需的农用物资为主。这类合作社主要负责购买农用生产资料，比如种子、农药、肥料、农业机械、饲料等，然后以低价出租或者销售给合作社的成员。此外，这类合作社还为农民购买农业生产各环节所使用的机械，如拖拉机、收割机、施肥和农产品加工等农用机械。

法国的农民合作社如此成功，政府的扶持功不可没。比如，法国所有企业必须缴纳盈利后36％的利润税和一定的工资税，而合作社则免征。而且，政府农业保险实行"低费率、高补贴"政策，农民只需缴纳保费的20％～50％，其余50％～80％都由政府承担。特别是每当遭遇自然灾害时，合作社都会代表政府给农民提供较高的补贴，有效规避了种植生产风险，充分调动了农民的生产积极性。

三、农民专业合作社示范项目

1. 农业部农民专业合作组织示范项目

农业部组织实施的农民专业合作组织示范项目由农业部农村经济体制与经营管理司负责项目指导工作。

目前，本项目的扶持对象是农民专业合作组织。2007年7月1日施行《农民专业合作社法》后，本项目的主要扶持对象是农民专业合作社，重点扶持全国优势农产品产区的主导产业和地方特色产品的专业合作。农产品行业协会、商会和企业不属于本项目扶持范围。

2. 财政部支持农民专业合作组织发展项目

财政部组织实施的支持农民专业合作组织项目由省（区、市）财政厅（局）组织项目申报。

3. 地方农民专业合作组织项目

地方农民专业合作组织项目由各地农业行政主管部门牵头协商有关部门，负责组织项目申报和项目实施。

第二节　农业项目的申报程序及编制

一、农业项目的申报程序

农业基本建设项目必须严格按基本建设程序做好前期工

作。项目前期工作包括项目建议书、可行性研究报告、初步设计的编制、申报、评估及审批，以及提出开工报告、列入年度计划、完成施工图设计、进行建设准备等工作。

项目建设单位根据建设需要提出项目建议书。项目建议书批准后，建设单位在调查研究和分析论证项目技术可行性和经济合理性的基础上，进行方案比选，并编制可行性研究报告。

项目可行性研究报告批准后，建设单位可组织编制初步设计文件。

项目初步设计文件批准后，可进行施工图设计。

二、农业项目的编制

1. 项目申报书的编制

项目申报书应由建设单位或建设单位委托有相应工程咨询资质的机构编写。

项目申报书必须对项目建设的必要性、可行性、建设地点选择、建设内容与规模、投资估算及资金筹措，以及经济效益、生态效益和社会效益估计等作出初步说明。

2. 项目可行性研究报告的编写

农业建设项目可行性研究报告应由具有相应工程咨询资质的机构编写。技术和工艺较为简单、投资规模较小的项目可由建设单位编写。

项目可行性研究报告的主要内容包括总论、项目背景、市场供求与行业发展前景分析、地点选择与资源条件分析、工艺技术方案、建设方案与内容、投资估算与资金筹措、建设期限与实施计划、组织机构与项目定员、环境评价、效益与新增能力、招标方案、结论与建议等。

3. 项目初步设计的编制

初步设计和施工图设计文件应由具有相应工程设计资质的机构编制，并达到规定的深度。

项目初步设计文件根据项目可行性研究报告内容和审批意见，以及有关建设标准、规范、定额进行编制，主要包括设计说明、图纸、主要设备材料用量表和投资概算等。

第七章 农村合作经济组织发展的国际经验与启示

第一节 综合合作社模式——日韩模式

一、综合合作社模式的特点

发达国家和发展中国家的农民合作社主要有两种类型：一种是综合合作社，以日本、韩国为代表；另一种是专业合作社，以欧美各国为代表。

综合合作社有完整的分级组织体系，以全国合作总社为核心，以基层合作社为服务重点，综合指导和协调社区及区域合作社的经营活动，以日本农协、韩国农协为代表，主要特点有以下几方面。

1. 独特的行政区划组织体系

日本农协实行自下而上层层组建的原则，与其行政管理体系相一致，分为市、町、村、都、道、府、县和中央三级，合作服务网络体系遍布全国，分为基层农协、县级联合会、全国农协联合会3个体系。韩国农业合作社则实行基层合作社——合作社中央会的两级组织体制。农业合作社拥有金融、农产品销售、工业品购买、产品加工、设施共同利用、社会保障和教育指导职能。

2. 综合经营、服务内容全面

日本农协开展综合经营联合服务，根据农业经营和农民需要提供服务。农协组织不仅进行农产品分类加工、委托贩卖、储藏运输以及生产资料和生活用品的供应，还从事信用、保险、生产和生活指导、培训、文化娱乐等活动。韩国农协是韩国农业领域最大的民间组织，设有 1 个中央总部、15 个地区分部。农协中央会的两大主要业务是农产品推销业和金融业，也是会员农协的主要业务活动。无论在农村还是在城市，农协中央会及其会员农协在农产品和消费品的营销方面都扮演着重要角色。农协系统拥有覆盖全国每个角落的银行网络系统，为广大农民及城市提供服务。韩国农协的系列培训和指导服务如表 7-1 所示。

表 7-1　韩国农协进行的培训和指导内容

年代	培训或指导内容
20 世纪 60 年代	推广理念，调整组织： 1. 推广合作社理念 2. 开展新农民运动 3. 推广自助、互助精神 4. 指导会计、记账等基本技能
20 世纪 70 年代	推广新村运动，指导增收事业： 1. 推广新村运动精神 2. 指导村单位的增收事业 3. 指导"营农会""妇女会" 4. 支持粮食增收政策 5. 支持新农村收入综合开发事业
20 世纪 80 年代	支持区域农业发展，推进流通事业： 1. 指导农业经营技术和农产品销售 2. 建立新农民技术大学和农协指导员教育学院 3. 指导非农收入事业

续表

年代	培训或指导内容
20 世纪 90 年代	指导农业结构改善与农村福利事业： 1. 指导农业结构改善事业 2. 指导区域农业发展规划 3. 强化农业经营指导员的指导工作
21 世纪初	指导农业经营创新，支援合作社内部组织： 1. 指导生产、经营、流通 2. 支援和培育合作社内部组织 3. 推进区域农业发展规划 4. 培养新一代农民 5. 支援社员的生活 6. 指导社员组织进行的事业

3. 服务体系完整

综合合作社有完整的分级组织管理体系，以全国合作总社为核心，以基层合作社为服务重点，综合指导和协调社区及区域合作社的经营活动。综合合作社的优点在于可以为社员提供便利服务，有利于协调和管理及降低组织成本，适宜于小规模、零散性经营的农户，但缺乏竞争，难以优化合作社的规模结构。

4. 农协与政府之间是相互依赖、共存共荣的关系

农协的产生和发展离不开政府支持，农协同时也是政府连接农民的中介。在亚洲许多国家，如日本、印度、泰国、韩国等，合作社都属于政府推动模式，即政府在合作社产生和发展过程中起到了决定性的推动作用。这种类型合作社的组织体系、经济功能等都是在政府直接推动下实现的。在这种相互依赖关系的作用下，农协依靠政府制定符合农民利益的农业政策，政府的法律、有关农村政策依靠农协帮助实施，农协成为政府贯彻实施执行农业政策的有力助手。韩国农协就悬而未决

的农业问题向政府提出建议以供参考和立法，使农业管理和农业经济各项政策合理运转；开展与政府相关的活动来保护农民权益，督促政府将一些政策合法化，要求政府修改不合适的政策；向政府和国会反映农民愿望等。农协在"亚洲农民合作组织""国际农业生产者组织"等国际组织中扮演重要角色，加强了韩国在 WTO 农业谈判中的地位。

【案例】日本的农协系统

在日本，农协社员所需的生产资料合作购买业务主要是通过全国农协经济联合会、县经济联合会和基层农协 3 个层面的组织来完成的。其中，全国级农协的农业投入品采购主要通过国内生产厂家或进口商进行；县级农协采购除了主要来自全国农协外，投入品采购还部分地通过一级批发商或通过生产厂家采购；基层农协所需投入品除了由县级农协提供外，其余部分则要依赖批发商。

农协实行"预约订货、计划购买"的合作购买原则，并且购买活动采取"无条件的完全委托"方式，即购买方不能提出任何附加条件，一切妨碍合作购买活动的特殊要求都将被忽视。社员在信任的基础上对所购买投入品的品种、交货时间乃至价格全权委托给农协负责。投入品购买价格采取以财务年度为限计算出全年平均价格的做法，以减少季节或市场变化带来的价格大幅波动。而投入品购买中实际产生的运费、保管费等则由农户按照实际费用进行负担。此外，农协采取现金支付的方式，以促进交易过程的合理化，提高业务效率。

具体的商流（投入品订单）流程是：由基础农协获取社员的需求，而后上报到县级农协归总、协调，再提交到全国农协进行品种、规格、数量、供货期等的汇总统计，并统一组织在国内外市场上集体采购。农协控制了大多数农业投入品的市场供给，而在各级农协的合作购买活动中，全国级的农协是主体，具有举足轻重的作用。[①]

二、综合合作社模式对发展农村新型合作经济组织的启示

1. 把农协办成农民自己的合作经济组织

在日本农协发展起步阶段，日本国会就颁布实施了《农业协同组合法》，政府还根据农村经济和农协事业的发展需要，对《农业协同组合法》进行了 23 次修改和补充。它不仅规定了农协的性质、宗旨、权利、义务等，而且对政府如何监督管理农协作出了明确规定。这就避免了农协的异化倾向，保护了农协的合法权益，保障了农民参与市场竞争的合法权益。日本《农协法》规定，参加农协必须具备三个条件：一是在本农协辖区内居住，二是本辖区内有土地，三是每年参加劳动不少于90 天。具备这三个条件才能取得正式组会员资格，有代表权和选举权；如果只具备第一、第二条，只能取得准组会员资格，无表决权和选举权。农协的干部实行选举制，职员实行聘用制，非农民社员不能担任农协领导职务；作为农民社员的合作经济组织，农协经常向政府反映农民的要求，维护农民利益，同时保证了政府农业政策的贯彻落实，促进了日本农业的发展和农村经济的稳定。

2. 在农协组织功能配置上，注重专业化与综合化相结合

日本农协现行体制分为全国联合会、县联合会及综合农协三个层次。一方面，与农户直接联系的是综合农协，具有综合服务功能，能够为农户提供生产生活、采购、销售、保险、信用等全方位服务，农户只需加入一个组织即可得到所需的全部服务，大大方便了生产与生活。另一方面，为解决综合农协存在的服务功能多样化、单项服务水平和规模质量不高的问题，县级农协联合会和全国农协联合会采取了明确的专业化管理，

---

①　章政. 现代日本农协. 北京：中国农业出版社，1998

分为信用联(中央金库)、经济联、共济联等各项专业服务组织,他们为综合农协提供专业化服务,成为综合农协的坚强后盾。日本农协系统在功能设置上的这一特点,使其能够把服务的专业化和配套化两个方面有效地结合起来。

3. 在农产品价格计算方面实行共同计算制,切实维护农民利益

如果农协在组织流通方面采取收购制,农协与农户的关系就是一般的商业买卖关系,双方处于两个不同的利益主体,则会影响农协对农户的信誉和凝聚力。日本农协在组织流通方面采取了无条件的委托代理机制,即农户对农副产品的销售和生产生活资料的购买,在价格、地点、季节等方面不提任何要求,无条件委托农协进行,农协只收取劳务费、材料费、运输费等手续费。因此,农协不会利用购销差价赚取农户的利润。在农产品价格计算时,实行共同计算制,即农协在完成委托后,将完成委托的总金额除以销售(或购买)产品的总数量,得出平均价格,以此价格支付给农户(或从农户收取)。因此,农协在完成委托过程中遇到的季节性价差不会计算到农户身上,这种价格制度能够使得价格稳定、公平合理,并能有效牵制商人的投机活动。

4. 政府支持必不可少

发达国家不仅为各类农业合作经济组织提供法律保障,而且还通过税收优惠和各项补贴政策,使这些组织避免了部分激烈的市场竞争所带来的市场风险。提供法律保障改善了农民合作经济组织的交易环境,降低了交易费用;优惠政策在降低交易费用的同时也降低了组织成本。政策保障措施表现为:

(1)法律上的保护。西方国家关于合作社立法主要有两种形式:一是订立专门的合作社法;二是在其他相关法规中制定关于农业合作社的专门条款或章节。日本的《农业协同组合法》(1947)是日本农协稳定发展的前提和基础,任何行政部门都无权超越法律规定来干预农协的活动;德国早在1867年就制定了第一部合作

社法，而且不断修改，合作制被视为是构成社会经济体制和维持农村与社会稳定的重要组成要素而加以维护和保护。

1980 年颁布了关于农业合作社及其联盟创建注册和审批程序的法令及法国农业合作社示范章程；意大利则在民法典中对合作社性质、社员资格、股金机构等进行明确规定；美国各州都制定了专门的合作社法，还针对特殊情况制订专门规定来保障合作社的发展。如美国的《谢尔曼反托拉斯法》曾一度给合作社发展带来极大冲击。针对这一情况，美国国会制定了《卡帕—沃尔斯坦德法》，规定凡是符合条件的农业合作社都可免受《谢尔曼反托拉斯法》限制，在法律上为农业合作社提供了保护。

（2）财政金融优惠政策。一是低税和免税政策。日本农协所得税是一般企业的 58%；美国农业合作社纳税只有工商企业的 1/3；德国合作组织在不开展有损于纳税的副业交易情况下可以免税；加拿大合作社社员的惠顾返还可以不纳税，新成立的合作社 3 年内可以不纳税。二是低息贷款和无偿补贴。在法国，凡是符合政府要求和国家规划的发展项目，都给予优惠利率；德国对合作社的管理费用进行补贴；意大利合作社免缴于国家银行相当于资本总额 30% 的储备金，合作社贷款利率仅为非合作社贷款利率的 1/3；日本农协进行的获得政府同意的农产品加工项目，其厂房、设备所需投资，50% 由政府提供；韩国政府帮助农协建立各种服务设施，如农产品集运中心、水果分级中心和批发市场。三是低价供应生产资料等。

第二节　专业合作社模式——欧美模式

一、专业合作社模式的特点

专业合作社是以专业化生产和社会化服务为基础，围绕某一类或某类相关产品的生产、加工和服务，在自愿、互利、合作的前提下组成的专业合作组织，如奶制品合作社、养猪合作社、水果销售合作社等，以欧美各国最为典型。

欧美等专业合作社的特点表现为以下几方面：

1. 专业性强，合作类型丰富

欧美等发达国家农业合作社按合作内容可分为供销合作社、信贷合作社、消费合作社及其他服务合作社。销售合作社的农产品几乎覆盖所有农产品品种，专业化水平很高，合作社类型和经营内容更加丰富和多样化。专业合作社的优点在于专业性很强，适应现代专业化分工、产业化经营和社会化服务的发展需要，实现科研、生产、加工和销售的一体化经营和服务。

美国供销合作社专业化水平很高，一个合作社一般只围绕一两种农产品展开合作业务，从小麦、玉米、大豆、牛肉到马铃薯、胡萝卜等，几乎每个农产品都有一个行业协会，有些合作组织从产地到有关的州直至全国，形成了覆盖全行业的网络。法国农业合作社专业性强，除小部分专供化肥、农药等供应合作社外，单个品种农产品的专业合作社占绝大多数，如粮食合作社、奶制品合作社、肉类合作社等。在产前供应农用资料、种子、饲料、幼畜雏禽以及人工配种等，产后收购、加工、储藏、运输、营销和出口农产品等。同时，在全国范围内，同类型的合作社在更高层次上组成全国性专业化的合作社联合会。

2. 以流通领域合作社为主，销售合作社最发达

欧美单个品种农产品专业合作社占绝大多数，这些农业合作社以流通领域合作社为主。美国现有的 4 000 个专业合作社，如果按供应、销售和有关服务的营业额占本社营业总额 50％以上划分标准来分，销售合作社占 52％，供给合作社占 36％，其他服务合作社占 12％。销售合作社不仅仅从事销售，许多合作社的业务范围涉及农产品收购、运输、储藏、检验、分级、加工、包装以及最终产品销售等环节，实行一揽子经营；销售合作社有自己的加工设备、储藏设施、运输工具、装卸倒仓设备，甚至还有自己的港口、码头和驳船；美国销售合

作社的加工业相当发达，其设备先进、装备率高、职工队伍庞大、分布广泛，覆盖全国各地，分工细、门类多；但生产合作社数量少，大多不成功，官方在制定合作社方面的政策法规时，一般也不涉及生产合作社。

【案例1】从荷兰农产品出口大国的经验中看农产品合作经济组织的作用①

荷兰成为农产品出口大国的重要经验之一就是依靠农民股份合作组织，建立灵活、高效的销售体系。荷兰经济是一种私人团体与公共团体都能发挥重要作用的混合市场经济。在农业生产领域，农民的股份合作组织发挥着十分重要的作用。在农产品贸易领域，农民股份合作组织十分活跃，这种"小规模、大合作""小生产、大网络"的组织形式，给荷兰农产品贸易开辟了顺畅的流通渠道。

（1）研究和预测市场。绝大部分农民股份合作组织都有专门的市场研究机构，对长期处于买方市场的市场环境进行研究，并以此为依据，制定市场计划，包括销售数量、销售途径、产品质量、花色品种等，以便能在销售中处于主动地位。

（2）建立销售网络。荷兰农业股份合作社是产供销一体化的营销组织。从全国到各地乃至每一个村镇，都形成了销售网络。比如，奶牛协会、农业与园艺合作社、花卉合作社等，销售网络已遍及欧洲，形成了畅通的销售链。如农业和园艺合作社，在法国建立了4个销售公司，在德国建立了5个销售公司，这些销售公司直接与用户签订合同，产品销售十分便利。

（3）从事拍卖交易。在荷兰，拍卖公司是销售合作经济组织的一种独特组织形式，被誉为最具荷兰特色的市场机制。目前，荷兰有25家大型拍卖公司和与之相配套的大型拍卖市场。荷兰80%的蔬菜、82%的水果和90%的鲜花通过拍卖市场成

---

① 万宝瑞. 中国农业发展的思考与展望. 北京：中国农业出版社. 2006

交，有的在成交后直接销往国外。如荷兰阿斯米尔联合拍卖公司(Aalsmeer)，是目前世界上最大的花卉拍卖公司。这个拍卖公司是由荷兰5 000多家园艺种植公司共同入股的股份联合体。在联合体内，各园艺种植公司必须按规定的义务将自己的产品经由拍卖公司出售。产品出售以后，拍卖公司从园艺种植公司的销售额中提取5%～10%的费用，作为代销产品的佣金。花卉购买商不是拍卖公司的成员，但需在拍卖公司登记注册，以便稳定购买渠道和接受拍卖公司提供的各种便捷、有效的服务。阿斯米尔拍卖公司已成为荷兰花卉业的最大集散地，每天完成业务5万宗，销售1 400万支鲜切花和150万株盆景植物。荷兰花卉植物全年出口额约30亿美元，该市场就占了全国43%的份额。分析阿斯米尔联合拍卖公司的运行机制，其销售方式的好处有：一是供需直接见面。市场供给法则有效发挥作用。拍卖是面对面竞争，竞争必然产生比较公平的交易价格。二是确定最低销售保护价，保护了生产者利益。拍卖公司每年根据实际情况确定一个最低销售价，如果产品价格降到最低销售价后还不能销售，这些鲜活产品则被销毁，生产者从拍卖公司按保护价得到一定赔偿，补偿从拍卖风险基金中支付。三是把流通渠道的诸多环节有机连接，节省了流通时间。拍卖市场除拥有现代化的拍卖销售设施外，还具有产品分类分级、质量检测、标准包装、储存保管、资金结算、交通运输、出口检疫等职能。每天清晨从阿斯米尔售出的鲜花和盆景植物，当天晚上或第二天就会出现在欧美乃至世界各地的花店里。

(4)实施行业管理。荷兰有各种农民股份合作组织2 000多个，其中25个属全国性合作组织(也叫行业协会)，各工业公司都参加3～4个不同职能的合作组织。这些行业协会已成为政府调控经济活动的中介。如荷兰最大的股份合作组织——荷兰奶牛协会，既组织全国牛奶及奶制品的出口业务，又承担分配牛奶生产配额和限制生产量的任务。荷兰农、渔部每年将欧盟确定的牛奶生产配额下达给奶牛协会，奶牛协会再根据全国已登记的奶牛数量组织生产，并分配限产补贴。荷兰的拍卖市场中心管理局也是同类拍卖市场的行业协会，该局作为拍卖市场的总代表，协调拍卖市场的销售计划和销售活动，干预拍卖市场的行为，制定行业规章，举办贸易展览，扩大国内外销售，成为生产者、消费者和政府间的桥梁。我国于1999年在云南昆明举行的"世界园艺博览会"，荷兰政府组团参加，但政府并不介入工作，而是委托荷兰农业和园艺协会具体招展组团，政府只出个名分。

荷兰的实践证明，通过中介组织来实现政府的宏观调控职能，其调控效能比政府直接面对千家万户要大得多，也省事得多。

3. 合作社经济实力雄厚

欧美各国合作经济在经历了起步、发展壮大、完善阶段的道路后，现在大都走上了正规化发展阶段，合作社数量虽有所减少，但合作社规模、经营范围、营业额和社员总数不断扩大，合作社经济实力日益强大，管理模式日趋现代化。一些大的合作社已发展成为规模巨大的跨国集团，如美国兰德莱克奶制品合作社联社，占领了美国1/3的黄油市场，成为美国最大的奶制品加工企业。该合作社建立了自己的科研机构，下设包括食品口味、营养、细菌含量、卫生标准、包装以及市场调研、新产品开发等研究机构。澳大利亚奶制品大型专业合作社非常发达，全国70％的奶制品业由合作社控制，奶制品合作社是奶制品产业化的主要载体。墨瑞歌本合作社有限公司是澳大利亚最大的奶制品公司和食品加工出口商。目前，共有社员3 350人，员工1 800人，总股本为6 500万澳元，总资产3亿澳元，有6个加工厂，每年加工牛奶35.4亿千克，占全国总产量的1/3，75％的奶制品出口世界55个国家和地区，年出口额达10亿澳元。

4. 合作社之间注重协作与联合

专业合作社服务范围从地域上看很广，可以是多个地区农户参加，也可以是跨国间合作。美国的农业合作社从不受社区限制，无论全国联合社还是地区联合社，它们与基层合作社之间是一种建立在民主基础上的协作关系。全国联社和地区联社通常设有理事会，负责组织各项活动，主要在宏观上从全国角度或行业角度协调各基层社的经营活动；组织合作社之间交流；为合作社提供市场和技术信息；进行社员培训；代表合作社与政府或大厂商谈判等。

5. 取得政府支持，通过合作社立法

欧美各国的农业合作社与政府建立的是一种相互依赖、相互利用的关系。合作社依靠政府制定符合农民利益的农业政策，政府的法律、农村政策依靠农协帮助实施，为保证合作经济发展，许多发达国家都通过了合作社立法，政府对合作社的态度在不同时期各不相同。现以美国政府对合作组织的态度为例，如表 7-2 所示。

表 7-2　美国政府对合作组织态度的演变

对立	中立	扶持	参与	调控
采取敌视、粗暴干涉的破坏政策	既无肯定、又无否定的公共政策	为合作社提供一个法律、商业的优惠条件	通过一些专门组织的活动提供服务，包括一定管理	对合作社的管理和决策实施宏观调控

（资料来源：李克伟，国外农产品市场体系与产销一体化组织的发展情况，《中国农村经济》1997 年第 9 期）

19 世纪末以前，美国处于自由竞争时期，政府作为"守夜人"维持市场秩序，不支持农民合作运动，采取敌视、粗暴干涉的破坏政策。"二战"后政府开始扶持合作社发展。目前美国正处于由对合作社参与向调控过渡的第五个阶段。

6. 新一代合作社注重投资方式创新

美国北达科塔州和明尼苏达州的新一代合作社向社员或非社员出售没有投票权的股票或资产有价凭证，这种没有投票权的股份通常按一定比例分红来吸引人们投资。目前，在加工合作社内部，兴起了一种新的直接投资方式，即"可转让交货权"。如果社员想获得加工增值收益，必须以一定数量资金向合作社购买长期交货权，该交货权赋予社员向合作社提交特定面积或特定数量农产品的权利，也是义务。一般只有购买交货权的生产者才能成为社员，合作社根据加工能力和盈利水平确定出售交货权的数量。

二、专业合作社模式对发展农村新型合作经济组织的启示

1. 政府强有力的支持是农村合作经济蓬勃发展的重要力量

无论是发展中国家还是发达国家，无论是综合合作社还是专业合作社，都普遍得到了各国的重视和扶持。各国对农村合作社的扶持大多表现在法律保护、优惠政策及鼓励和支持合作金融事业的发展等方面。如美、英、德、日等发达国家的合作经济发展始终与合作社法的建立和完善相伴而行；美、德、意大利、加拿大等国对合作社给予税收优惠和财政资助，通过立法允许合作社兴办合作金融事业；前苏联消费合作社始终没能大步发展，原因之一在于政府对它除计划限制外没有足够的扶持措施。

2. 遵循并灵活运用国际通行的合作社原则

国际通行的合作社原则，概括起来有 7 项内容。一是入社自愿原则；二是民主管理原则，合作社由社员选举或指定人员管理，基层合作社享有同样的民主权利；三是收益分享原则，合作社收益由全体成员分享，收益分享原则一方面表现为合作社股金可获利息，但不参加分红，股金利息有严格限制，另一

方面要适当提留公积金和公益金，用于合作社未来发展；四是惠顾返还原则；五是重视教育原则；六是合作原则，即所有合作社都应积极与别的地区、国家的合作社进行合作，共谋发展；七是关心社区发展原则。

"二战"以后，由于世界贸易体系变化和市场竞争加剧等因素，传统合作社原则受到挑战，各国都根据实际情况对国际合作社原则加以灵活运用。有的国家为适应本国经济发展，在罗虚代尔原则基础上制定了本国合作社原则。按照罗虚代尔原则，合作社不能有盈余，但墨西哥于 1994 年修改的合作社法中删除了这一条法规。

3. 引导和尊重农民的选择

互利是自愿的基础，自愿是合作的前提。无论什么样的农村合作经济组织，其产生和发展的基本动因是市场需要，最基本前提是农民意愿。只有农民出于自身利益考虑建立或参加的合作经济组织才有吸引力和生命力。要尊重农民选择，并适度引导。前苏联在集体化初期采取强制入社、残酷斗争的做法，结果只能适得其反，对农民、合作社、合作社自身发展都没有好处，我国应该引以为鉴。

4. 正确处理政府与农村合作经济组织的关系

农村合作经济发展离不开政府支持。一些国家的农业政策大量借助于农村合作经济组织来贯彻执行，如日本农协和印度农业合作社兼有实施国家农业政策的职能。但在政府与农村合作经济组织的关系上，有的国家采取行政手段直接干预，如墨西哥官方参与的合作社，在资金上得到政府社会发展部的社会发展基金资助，政府要求这类合作社必须根据国家指令性计划安排种植计划、林木砍伐和营造等；欧美发达国家采取法律及经济手段间接干预。从总趋势上看，国家直接干预的合作社缺乏市场竞争力，当前发展趋势正在从直接干预向间接干预转变，农村合作经济组织应摆脱依赖关系，独立于政府，而政府应通过法律、经济等手段对合作经济进行适度的宏观调控。

5. 发展农村合作经济要因地制宜、分阶段循序渐进

发达国家的经验表明，农村合作经济产生和发展是一个长期、分阶段的渐进过程，不同阶段有不同的模式和特点，不能按一种模式一蹴而就。发达国家农村合作经济经历了几十年甚至百余年的历史才形成今天的发达局面。

合作经济组织在雏形阶段必然会出现局域上的、地区性的不平衡，这就决定了政府要发挥其管理职能进行扶持。合作社在资本积累过程中，在局部地区出现不平衡是一条基本经济规律。因此，发展农村合作经济要"因地制宜、循序渐进"，地方政府要给予大力支持。

6. 农村合作经济发展以流通和服务领域的合作为主

实践表明，流通和服务领域合作经济比较发达，生产合作社成功很少，这是因为生产型合作组织有着低生产效率。G. D. Perrier 和 R K. Porter 运用 Farrell 径向效率度量法，采用 1972 年美国鲜奶、冰淇淋和有关产品加工和分配厂商的观察值，分别对样本中 28 个合作社和 28 个非合作社企业效率进行比较分析，得出合作社和非合作社鲜奶加工者都显示出低效率，但合作社效率更低的结论(农业部农研中心，1995)；我国传统体制下的人民公社运行低效率更是明证。

国际经验表明，农民购销合作组织一直是农产品流通领域的重要组织力量，购销合作社始终是农村合作经济发展的主流形式。在美国农产品收购总量中，私人企业(包括批发商、中间商)占 60%，合作社占 30%，国家和个体贸易收购占 10%；在欧共体中，个体收购和合作社收购的农产品几乎各占一半；日本谷物收购主要靠农协；印度由供销合作社收购的粮食在 20 世纪 50 年代占到 70%，现在仍占 30%；在法国 73 万个农场中，绝大多数农场主参加了产前、产后流通领域的合作社；德国几乎所有农户都是购销合作社的成员，绝大多数荷兰农民

至少是 3~4 个合作社的成员。

【案例 2】国外农产品供应市场中合作社的市场份额①

据不完全统计，到 20 世纪 90 年代中期，在欧洲的农产品市场上，农业合作社平均占了 60% 的份额。其中，在欧盟许多国家(如丹麦、爱尔兰、奥地利、芬兰、瑞典、英国等)，农业合作社几乎垄断了全部奶制品的国内供应市场；在美国，近 3 000 家农产品营销合作社主要产品的市场份额分别是：奶制品占 85%，棉花占 35%，谷物和花生占 42%，水果蔬菜占 21%；在亚洲，日本 95% 的大米和小麦、90% 的渔产品、74% 的水果、51% 的蔬菜等都是通过农协进行销售的，印度市场的奶制品主要由合作社提供，25% 的种子也是在合作社企业中加工；在拉丁美洲，巴西 50% 以上的牛奶、17% 的蔬菜、29% 的大豆、28% 的咖啡以及 40% 的棉花由合作社经销和供应，阿根廷合作社经销的茶叶占全国产量的 45%，粮食、奶制品加工 35%，加工的大米和葡萄酒分别占全国的 30% 和 20%。

实践证明，以小农经济为基础的国家，首先从流通领域入手，建立类似"买卖机关"式的流通合作社，是引导农业从小农经济走向农业现代化的可行之路。

7. 充分发挥农民行业组织的作用

一方面要提高农民的组织化程度，解决生产经营规模小的问题；另一方面要使农民行业组织其在实施政府调控政策、发展农产品出口创汇基地、成为行业自律组织方面发挥作用。荷兰的实践说明，农民组织在协调政府调控生产和经营活动、建设出口基地、规范出口行为、完善销售网络方面，作用十分显著且富有成效。

---

① 苑鹏. 农民专业合作经济组织：农业企业化的有效载体. 农村合作经济经营管理，2003 (5)

附录1 中华人民共和国农民专业合作社法

目　录

第一章　总则

第一条　为了支持、引导农民专业合作社的发展，规范农民专业合作社的组织和行为，保护农民专业合作社及其成员的合法权益，促进农业和农村经济的发展，制定本法。

第二条　农民专业合作社是在农村家庭承包经营基础上，同类农产品的生产经营者或者同类农业生产经营服务的提供者、利用者，自愿联合、民主管理的互助性经济组织。

农民专业合作社以其成员为主要服务对象，提供农业生产资料的购买，农产品的销售、加工、运输、贮藏以及与农业生产经营有关的技术、信息等服务。

第三条　农民专业合作社应当遵循下列原则：

(一)成员以农民为主体；

(二)以服务成员为宗旨，谋求全体成员的共同利益；

(三)入社自愿、退社自由;

(四)成员地位平等,实行民主管理;

(五)盈余主要按照成员与农民专业合作社的交易量(额)比例返还。

第四条 农民专业合作社依照本法登记,取得法人资格。

农民专业合作社对由成员出资、公积金、国家财政直接补助、他人捐赠以及合法取得的其他资产所形成的财产,享有占有、使用和处分的权利,并以上述财产对债务承担责任。

第五条 农民专业合作社成员以其账户内记载的出资额和公积金份额为限对农民专业合作社承担责任。

第六条 国家保护农民专业合作社及其成员的合法权益,任何单位和个人不得侵犯。

第七条 农民专业合作社从事生产经营活动,应当遵守法律、行政法规,遵守社会公德、商业道德,诚实守信。

第八条 国家通过财政支持、税收优惠和金融、科技、人才的扶持以及产业政策引导等措施,促进农民专业合作社的发展。

国家鼓励和支持社会各方面力量为农民专业合作社提供服务。

第九条 县级以上各级人民政府应当组织农业行政主管部门和其他有关部门及有关组织,依照本法规定,依据各自职责,对农民专业合作社的建设和发展给予指导、扶持和服务。

第二章 设立和登记

第十条 设立农民专业合作社,应当具备下列条件:

(一)有五名以上符合本法第十四条、第十五条规定的成员;

(二)有符合本法规定的章程;

(三)有符合本法规定的组织机构;

(四)有符合法律、行政法规规定的名称和章程确定的住所;

（五）有符合章程规定的成员出资。

第十一条　设立农民专业合作社应当召开由全体设立人参加的设立大会。设立时自愿成为该社成员的人为设立人。设立大会行使下列职权：

（一）通过本社章程，章程应当由全体设立人一致通过；

（二）选举产生理事长、理事、执行监事或者监事会成员；

（三）审议其他重大事项。

第十二条　农民专业合作社章程应当载明下列事项：

（一）名称和住所；

（二）业务范围；

（三）成员资格及入社、退社和除名；

（四）成员的权利和义务；

（五）组织机构及其产生办法、职权、任期、议事规则；

（六）成员的出资方式、出资额；

（七）财务管理和盈余分配、亏损处理；

（八）章程修改程序；

（九）解散事由和清算办法；

（十）公告事项及发布方式；

（十一）需要规定的其他事项。

第十三条　设立农民专业合作社，应当向工商行政管理部门提交下列文件，申请设立登记：

（一）登记申请书；

（二）全体设立人签名、盖章的设立大会纪要；

（三）全体设立人签名、盖章的章程；

（四）法定代表人、理事的任职文件及身份证明；

（五）出资成员签名、盖章的出资清单；

（六）住所使用证明；

（七）法律、行政法规规定的其他文件。

登记机关应当自受理登记申请之日起 20 日内办理完毕，向符合登记条件的申请者颁发营业执照。

农民专业合作社法定登记事项变更的，应当申请变更登记。农民专业合作社登记办法由国务院规定。办理登记不得收取费用。

第三章　成员

第十四条　具有民事行为能力的公民，以及从事与农民专业合作社业务直接有关的生产经营活动的企业、事业单位或者社会团体，能够利用农民专业合作社提供的服务，承认并遵守农民专业合作社章程，履行章程规定的入社手续的，可以成为农民专业合作社的成员。但是，具有管理公共事务职能的单位不得加入农民专业合作社。

农民专业合作社应当置备成员名册，并报登记机关。

第十五条　农民专业合作社的成员中，农民至少应当占成员总数的80％。

成员总数20人以下的，可以有1个企业、事业单位或者社会团体成员；成员总数超过20人的，企业、事业单位和社会团体成员不得超过成员总数的5％。

第十六条　农民专业合作社成员享有下列权利：

（一）参加成员大会，并享有表决权、选举权和被选举权，按照章程规定对本社实行民主管理；

（二）利用本社提供的服务和生产经营设施；

（三）按照章程规定或者成员大会决议分享盈余；

（四）查阅本社的章程、成员名册、成员大会或者成员代表大会记录、理事会会议决议、监事会会议决议、财务会计报告和会计账簿；

（五）章程规定的其他权利。

第十七条　农民专业合作社成员大会选举和表决，实行一人一票制，成员各享有一票的基本表决权。

出资额或者与本社交易量（额）较大的成员按照章程规定，可以享有附加表决权。本社的附加表决权总票数，不得超过本社成员基本表决权总票数的20％。享有附加表决权的成员及其享有的附加表决权数，应当在每次成员大会召开时告知出席会议的成员。

章程可以限制附加表决权行使的范围。

第十八条　农民专业合作社成员承担下列义务：

（一）执行成员大会、成员代表大会和理事会的决议；

（二）按照章程规定向本社出资；

（三）按照章程规定与本社进行交易；

（四）按照章程规定承担亏损；

（五）章程规定的其他义务。

第十九条　农民专业合作社成员要求退社的，应当在财务年度终了的3个月前向理事长或者理事会提出；其中，企业、事业单位或者社会团体成员退社，应当在财务年度终了的6个月前提出；章程另有规定的，从其规定。退社成员的成员资格自财务年度终了时终止。

第二十条　成员在其资格终止前与农民专业合作社已订立的合同，应当继续履行；章程另有规定或者与本社另有约定的除外。

第二十一条　成员资格终止的，农民专业合作社应当按照章程规定的方式和期限，退还记载在该成员账户内的出资额和公积金份额；对成员资格终止前的可分配盈余，依照本法第三十七条第二款的规定向其返还。

资格终止的成员应当按照章程规定分摊资格终止前本社的亏损及债务。

第四章　组织机构

第二十二条　农民专业合作社成员大会由全体成员组成，是本社的权力机构，行使下列职权：

（一）修改章程；

（二）选举和罢免理事长、理事、执行监事或者监事会成员；

（三）决定重大财产处置、对外投资、对外担保和生产经营活动中的其他重大事项；

（四）批准年度业务报告、盈余分配方案、亏损处理方案；

（五）对合并、分立、解散、清算作出决议；

（六）决定聘用经营管理人员和专业技术人员的数量、资格和任期；

（七）听取理事长或者理事会关于成员变动情况的报告；

（八）章程规定的其他职权。

第二十三条 农民专业合作社召开成员大会，出席人数应当达到成员总数 2/3 以上。

成员大会选举或者作出决议，应当由本社成员表决权总数过半数通过；作出修改章程或者合并、分立、解散的决议应当由本社成员表决权总数的 2/3 以上通过。章程对表决权数有较高规定的，从其规定。

第二十四条 农民专业合作社成员大会每年至少召开一次，会议的召集由章程规定。有下列情形之一的，应当在 20 日内召开临时成员大会：

（一）30％以上的成员提议；

（二）执行监事或者监事会提议；

（三）章程规定的其他情形。

第二十五条 农民专业合作社成员超过 150 人的，可以按照章程规定设立成员代表大会。成员代表大会按照章程规定可以行使成员大会的部分或者全部职权。

第二十六条 农民专业合作社设理事长一名，可以设理事会。理事长为本社的法定代表人。

农民专业合作社可以设执行监事或者监事会。理事长、理事、经理和财务会计人员不得兼任监事。

理事长、理事、执行监事或者监事会成员，由成员大会从本社成员中选举产生，依照本法和章程的规定行使职权，对成员大会负责。

理事会会议、监事会会议的表决，实行一人一票。

第二十七条 农民专业合作社的成员大会、理事会、监事会，应当将所议事项的决定作成会议记录，出席会议的成员、理事、监事应当在会议记录上签名。

第二十八条 农民专业合作社的理事长或者理事会可以按照成员大会的决定聘任经理和财务会计人员，理事长或者理事可以兼任经理。经理按照章程规定或者理事会的决定，可以聘任其他人员。

经理按照章程规定和理事长或者理事会授权，负责具体生产经营活动。

第二十九条 农民专业合作社的理事长、理事和管理人员不得有下列行为：

（一）侵占、挪用或者私分本社资产；

（二）违反章程规定或者未经成员大会同意，将本社资金借贷给他人或者以本社资产为他人提供担保；

（三）接受他人与本社交易的佣金归为己有；

（四）从事损害本社经济利益的其他活动。

理事长、理事和管理人员违反前款规定所得的收入，应当归本社所有；给本社造成损失的，应当承担赔偿责任。

第三十条 农民专业合作社的理事长、理事、经理不得兼任业务性质相同的其他农民专业合作社的理事长、理事、监事、经理。

第三十一条 执行与农民专业合作社业务有关公务的人员，不得担任农民专业合作社的理事长、理事、监事、经理或者财务会计人员。

第五章 财务管理

第三十二条 国务院财政部门依照国家有关法律、行政法规，制定农民专业合作社财务会计制度。农民专业合作社应当按照国务院财政部门制定的财务会计制度进行会计核算。

第三十三条 农民专业合作社的理事长或者理事会应当按照章程规定，组织编制年度业务报告、盈余分配方案、亏损处理方案以及财务会计报告，于成员大会召开的 15 日前，置备于办公地点，供成员查阅。

第三十四条 农民专业合作社与其成员的交易、与利用其提供的服务的非成员的交易，应当分别核算。

第三十五条 农民专业合作社可以按照章程规定或者成员大会决议从当年盈余中提取公积金。公积金用于弥补亏损、扩大生产经营或者转为成员出资。

每年提取的公积金按照章程规定量化为每个成员的份额。

第三十六条 农民专业合作社应当为每个成员设立成员账户，主要记载下列内容：

（一）该成员的出资额；

（二）量化为该成员的公积金份额；

（三）该成员与本社的交易量（额）。

第三十七条 在弥补亏损、提取公积金后的当年盈余，为农民专业合作社的可分配盈余。

可分配盈余按照下列规定返还或者分配给成员，具体分配办法按照章程规定或者经成员大会决议确定：

（一）按成员与本社的交易量（额）比例返还，返还总额不得低于可分配盈余的 60%；

（二）按前项规定返还后的剩余部分，以成员账户中记载的出资额和公积金份额，以及本社接受国家财政直接补助和他人捐赠形成的财产平均量化到成员的份额，按比例分配给本社成员。

第三十八条 设立执行监事或者监事会的农民专业合作社，由执行监事或者监事会负责对本社的财务进行内部审计，审计结果应当向成员大会报告。

成员大会也可以委托审计机构对本社的财务进行审计。

第六章　合并、分立、解散和清算

第三十九条 农民专业合作社合并，应当自合并决议作出之日起 10 日内通知债权人。合并各方的债权、债务应当由合并后存续或者新设的组织承继。

第四十条　农民专业合作社分立，其财产作相应的分割，并应当自分立决议作出之日起 10 日内通知债权人。分立前的债务由分立后的组织承担连带责任。但是，在分立前与债权人就债务清偿达成书面协议，另有约定的除外。

第四十一条　农民专业合作社因下列原因解散：

（一）章程规定的解散事由出现；

（二）成员大会决议解散；

（三）因合并或者分立需要解散；

（四）依法被吊销营业执照或者被撤销。

因前款第一项、第二项、第四项原因解散的，应当在解散事由出现之日起 15 日内由成员大会推举成员组成清算组，开始解散清算。逾期不能组成清算组的，成员、债权人可以向人民法院申请指定成员组成清算组进行清算，人民法院应当受理该申请，并及时指定成员组成清算组进行清算。

第四十二条　清算组自成立之日起接管农民专业合作社，负责处理与清算有关未了结业务，清理财产和债权、债务，分配清偿债务后的剩余财产，代表农民专业合作社参与诉讼、仲裁或者其他法律程序，并在清算结束时办理注销登记。

第四十三条　清算组应当自成立之日起 10 日内通知农民专业合作社成员和债权人，并于 60 日内在报纸上公告。债权人应当自接到通知之日起 30 日内，未接到通知的自公告之日起 45 日内，向清算组申报债权。如果在规定期间内全部成员、债权人均已收到通知，免除清算组的公告义务。

债权人申报债权，应当说明债权的有关事项，并提供证明材料。清算组应当对债权进行登记。

在申报债权期间，清算组不得对债权人进行清偿。

第四十四条　农民专业合作社因本法第四十一条第一款的原因解散，或者人民法院受理破产申请时，不能办理成员退社手续。

第四十五条 清算组负责制定包括清偿农民专业合作社员工的工资及社会保险费用，清偿所欠税款和其他各项债务，以及分配剩余财产在内的清算方案，经成员大会通过或者申请人民法院确认后实施。

清算组发现农民专业合作社的财产不足以清偿债务的，应当依法向人民法院申请破产。

第四十六条 农民专业合作社接受国家财政直接补助形成的财产，在解散、破产清算时，不得作为可分配剩余资产分配给成员，处置办法由国务院规定。

第四十七条 清算组成员应当忠于职守，依法履行清算义务，因故意或者重大过失给农民专业合作社成员及债权人造成损失的，应当承担赔偿责任。

第四十八条 农民专业合作社破产适用企业破产法的有关规定。但是，破产财产在清偿破产费用和共益债务后，应当优先清偿破产前与农民成员已发生交易但尚未结清的款项。

第七章　扶持政策

第四十九条 国家支持发展农业和农村经济的建设项目，可以委托和安排有条件的有关农民专业合作社实施。

第五十条 中央和地方财政应当分别安排资金，支持农民专业合作社开展信息、培训、农产品质量标准与认证、农业生产基础设施建设、市场营销和技术推广等服务。对民族地区、边远地区和贫困地区的农民专业合作社和生产国家与社会急需的重要农产品的农民专业合作社给予优先扶持。

第五十一条 国家政策性金融机构应当采取多种形式，为农民专业合作社提供多渠道的资金支持。具体支持政策由国务院规定。

国家鼓励商业性金融机构采取多种形式，为农民专业合作社提供金融服务。

第五十二条 农民专业合作社享受国家规定的对农业生产、加工、流通、服务和其他涉农经济活动相应的税收优惠。

支持农民专业合作社发展的其他税收优惠政策，由国务院规定。

第八章　法律责任

第五十三条　侵占、挪用、截留、私分或者以其他方式侵犯农民专业合作社及其成员的合法财产，非法干预农民专业合作社及其成员的生产经营活动，向农民专业合作社及其成员摊派，强迫农民专业合作社及其成员接受有偿服务，造成农民专业合作社经济损失的，依法追究法律责任。

第五十四条　农民专业合作社向登记机关提供虚假登记材料或者采取其他欺诈手段取得登记的，由登记机关责令改正；情节严重的，撤销登记。

第五十五条　农民专业合作社在依法向有关主管部门提供的财务报告等材料中，作虚假记载或者隐瞒重要事实的，依法追究法律责任。

第九章　附则

第五十六条　本法自 2007 年 7 月 1 日起施行。

附录 2 农民专业合作社登记管理条例

第一章 总则

第一条 为了确认农民专业合作社的法人资格，规范农民专业合作社登记行为，依据《中华人民共和国农民专业合作社法》，制定本条例。

第二条 农民专业合作社的设立、变更和注销，应当依照《中华人民共和国农民专业合作社法》和本条例的规定办理登记。

申请办理农民专业合作社登记，申请人应当对申请材料的真实性负责。

第三条 农民专业合作社经登记机关依法登记，领取农民专业合作社法人营业执照（以下简称"营业执照"），取得法人资格。未经依法登记，不得以农民专业合作社名义从事经营活动。

第四条 工商行政管理部门是农民专业合作社登记机关。国务院工商行政管理部门负责全国的农民专业合作社登记管理工作。

农民专业合作社由所在地的县（市）、区工商行政管理部门登记。

国务院工商行政管理部门可以对规模较大或者跨地区的农民专业合作社的登记管辖做出特别规定。

第二章 登记事项

第五条 农民专业合作社的登记事项包括：

（一）名称；

（二）住所；

（三）成员出资总额；

（四）业务范围；

（五）法定代表人姓名。

第六条 农民专业合作社的名称应当含有"专业合作社"字样，并符合国家有关企业名称登记管理的规定。

第七条 农民专业合作社的住所是其主要办事机构所在地。

第八条 农民专业合作社成员可以用货币出资，也可以用实物、知识产权等能够用货币估价并可以依法转让的非货币财产作价出资。成员以非货币财产出资的，由全体成员评估作价。成员不得以劳务、信用、自然人姓名、商誉、特许经营权或者设定担保的财产等作价出资。

成员的出资额以及出资总额应当以人民币表示。成员出资额之和为成员出资总额。

第九条 农民专业合作社以其成员为主要服务对象，业务范围可以有农业生产资料购买，农产品销售、加工、运输、贮藏以及与农业生产经营有关的技术、信息等服务。

农民专业合作社的业务范围由其章程规定。

第十条 农民专业合作社理事长为农民专业合作社的法定代表人。

第三章 设立登记

第十一条 申请设立农民专业合作社，应当由全体设立人指定的代表或者委托的代理人向登记机关提交下列文件：

（一）设立登记申请书。

（二）全体设立人签名、盖章的设立大会纪要。

（三）全体设立人签名、盖章的章程。

（四）法定代表人、理事的任职文件和身份证明。

（五）载明成员的姓名或者名称、出资方式、出资额以及成员出资总额，并经全体出资成员签名、盖章予以确认的出资清单。

（六）载明成员的姓名或者名称、公民身份号码或者登记证书号码和住所的成员名册，以及成员身份证明。

（七）能够证明农民专业合作社对其住所享有使用权的住所使用证明。

（八）全体设立人指定代表或者委托代理人的证明。农民专业合作社的业务范围有属于法律、行政法规或者国务院规定在登记前须经批准的项目的，应当提交有关批准文件。

第十二条 农民专业合作社章程含有违反《中华人民共和国农民专业合作社法》以及有关法律、行政法规规定的内容的，登记机关应当要求农民专业合作社做相应修改。

第十三条 具有民事行为能力的公民，以及从事与农民专业合作社业务直接有关的生产经营活动的企业、事业单位或者社会团体，能够利用农民专业合作社提供的服务，承认并遵守农民专业合作社章程，履行章程规定的入社手续的，可以成为农民专业合作社的成员。但是，具有管理公共事务职能的单位不得加入农民专业合作社。

第十四条 农民专业合作社应当有 5 名以上的成员，其中农民至少应当占成员总数的 80%。

成员总数 20 人以下的，可以有 1 个企业、事业单位或者社会团体成员；成员总数超过 20 人的，企业、事业单位和社会团体成员不得超过成员总数的 5%。

第十五条 农民专业合作社的成员为农民的，成员身份证明为农业人口户口簿；无农业人口户口簿的，成员身份证明为居民身份证和土地承包经营权证或者村民委员会（居民委员会）出具的身份证明。

农民专业合作社的成员不属于农民的，成员身份证明为居民身份证。

农民专业合作社的成员为企业、事业单位或者社会团体的，成员身份证明为企业法人营业执照或者其他登记证书。

第十六条　申请人提交的登记申请材料齐全、符合法定形式，登记机关能够当场登记的，应予当场登记，发给营业执照。

除前款规定情形外，登记机关应当自受理申请之日起 20 日内，做出是否登记的决定。予以登记的，发给营业执照；不予登记的，应当给予书面答复，并说明理由。

营业执照签发日期为农民专业合作社成立日期。

第十七条　营业执照分为正本和副本，正本和副本具有同等法律效力。

营业执照正本应当置于农民专业合作社住所的醒目位置。

第十八条　营业执照遗失或者毁坏的，农民专业合作社应当申请补领。

任何单位和个人不得伪造、变造、出租、出借、转让营业执照。

第十九条　农民专业合作社的登记文书格式以及营业执照的正本、副本样式，由国务院工商行政管理部门制定。

第四章　变更登记和注销登记

第二十条　农民专业合作社的名称、住所、成员出资总额、业务范围、法定代表人姓名发生变更的，应当自做出变更决定之日起 30 日内向原登记机关申请变更登记，并提交下列文件：

（一）法定代表人签署的变更登记申请书；

（二）成员大会或者成员代表大会做出的变更决议；

（三）法定代表人签署的修改后的章程或者章程修正案；

（四）法定代表人指定代表或者委托代理人的证明。

第二十一条　农民专业合作社变更业务范围涉及法律、行政法规或者国务院规定须经批准的项目的，应当自批准之日起 30 日内申请变更登记，并提交有关批准文件。

农民专业合作社的业务范围属于法律、行政法规或者国务院规定在登记前须经批准的项目有下列情形之一的，应当自事由发生之日起 30 日内申请变更登记或者依照本条例的规定办理注销登记：

（一）许可证或者其他批准文件被吊销、撤销的；

（二）许可证或者其他批准文件有效期届满的。

第二十二条 农民专业合作社成员发生变更的，应当自本财务年度终了之日起 30 日内，将法定代表人签署的修改后的成员名册报送登记机关备案。其中，新成员入社的还应当提交新成员的身份证明。

农民专业合作社因成员发生变更，使农民成员低于法定比例的，应当自事由发生之日起 6 个月内采取吸收新的农民成员入社等方式使农民成员达到法定比例。

第二十三条 农民专业合作社修改章程未涉及登记事项的，应当自做出修改决定之日起 30 日内，将法定代表人签署的修改后的章程或者章程修正案报送登记机关备案。

第二十四条 变更登记事项涉及营业执照变更的，登记机关应当换发营业执照。

第二十五条 成立清算组的农民专业合作社应当自清算结束之日起 30 日内，由清算组全体成员指定的代表或者委托的代理人向原登记机关申请注销登记，并提交下列文件：

（一）清算组负责人签署的注销登记申请书；

（二）农民专业合作社依法做出的解散决议，农民专业合作社依法被吊销营业执照或者被撤销的文件，人民法院的破产裁定、解散裁判文书；

（三）成员大会、成员代表大会或者人民法院确认的清算报告；

（四）营业执照；

（五）清算组全体成员指定代表或者委托代理人的证明。

因合并、分立而解散的农民专业合作社，应当自做出解散决议之日起 30 日内，向原登记机关申请注销登记，并提交法定代表人签署的注销登记申请书、成员大会或者成员代表大会做出的解散决议以及债务清偿或者债务担保情况的说明、营业执照和法定代表人指定代表或者委托代理人的证明。

经登记机关注销登记，农民专业合作社终止。

第五章 法律责任

第二十六条 提交虚假材料或者采取其他欺诈手段取得农民专业合作社登记的，由登记机关责令改正；情节严重的，撤销农民专业合作社登记。

第二十七条 农民专业合作社有下列行为之一的，由登记机关责令改正；情节严重的，吊销营业执照：

(一)登记事项发生变更，未申请变更登记的；

(二)因成员发生变更，使农民成员低于法定比例满 6 个月的；

(三)从事业务范围以外的经营活动的；

(四)变造、出租、出借、转让营业执照的。

第二十八条 农民专业合作社有下列行为之一的，由登记机关责令改正：

(一)未依法将修改后的成员名册报送登记机关备案的；

(二)未依法将修改后的章程或者章程修正案报送登记机关备案的。

第二十九条 登记机关对不符合规定条件的农民专业合作社登记申请予以登记，或者对符合规定条件的登记申请不予登记的，对直接负责的主管人员和其他直接责任人员，依法给予处分。

第六章 附则

第三十条 农民专业合作社可以设立分支机构，并比照本条例有关农民专业合作社登记的规定，向分支机构所在地登记机关申请办理登记。农民专业合作社分支机构不具有法人资格。

农民专业合作社分支机构有违法行为的，适用本条例的规定进行处罚。

第三十一条 登记机关办理农民专业合作社登记不得收费。

第三十二条 本条例施行前设立的农民专业合作社，应当自本条例施行之日起 1 年内依法办理登记。

第三十三条 本条例自 2007 年 7 月 1 日起施行。

附录 3 农村资金互助社管理暂行规定

第一章 总则

第一条 为加强农村资金互助社的监督管理，规范其组织和行为，保障农村资金互助社依法、稳健经营，改善农村金融服务，根据《中华人民共和国银行业监督管理法》等有关法律、行政法规和规章，制定本规定。

第二条 农村资金互助社是指经银行业监督管理机构批准，由乡（镇）、行政村农民和农村小企业自愿入股组成，为社员提供存款、贷款、结算等业务的社区互助性银行业金融机构。

第三条 农村资金互助社实行社员民主管理，以服务社员为宗旨，谋求社员共同利益。

第四条 农村资金互助社是独立的企业法人，对由社员股金、积累及合法取得的其他资产所形成的法人财产，享有占有、使用、收益和处分的权利，并以上述财产对债务承担责任。

第五条 农村资金互助社的合法权益和依法开展经营活动受法律保护，任何单位和个人不得侵犯。

第六条 农村资金互助社社员以其社员股金和在本社的社员积累为限对该社承担责任。

第七条 农村资金互助社从事经营活动，应遵守有关法律法规和国家金融方针政策，诚实守信，审慎经营，依法接受银行业监督管理机构的监管。

第二章　机构设立

第八条　农村资金互助社应在农村地区的乡(镇)和行政村以发起方式设立。其名称由所在地行政区划、字号、行业和组织形式依次组成。

第九条　设立农村资金互助社应符合以下条件：

(一)有符合本规定要求的章程。

(二)有10名以上符合本规定社员条件要求的发起人。

(三)有符合本规定要求的注册资本。在乡(镇)设立的，注册资本不低于30万元人民币；在行政村设立的，注册资本不低于10万元人民币，注册资本应为实缴资本。

(四)有符合任职资格的理事、经理和具备从业条件的工作人员。

(五)有符合要求的营业场所、安全防范设施和与业务有关的其他设施。

(六)有符合规定的组织机构和管理制度。

(七)银行业监督管理机构规定的其他条件。

第十条　设立农村资金互助社，应当经过筹建与开业两个阶段。

第十一条　农村资金互助社申请筹建，应向银行业监督管理机构提交以下文件、资料：

(一)筹建申请书；

(二)筹建方案；

(三)发起人协议书；

(四)银行业监督管理机构要求的其他文件、资料。

第十二条　农村资金互助社申请开业，应向银行业监督管理机构提交以下文件、资料：

(一)开业申请；

(二)验资报告；

(三)章程(草案)；

(四)主要管理制度；

（五）拟任理事、经理的任职资格申请材料及资格证明；

（六）营业场所、安全防范设施等相关资料；

（七）银行业监督管理机构规定的其他文件、资料。

第十三条 农村资金互助社章程应当载明以下事项：

（一）名称和住所；

（二）业务范围和经营宗旨；

（三）注册资本及股权设置；

（四）社员资格及入社、退社和除名；

（五）社员的权利和义务；

（六）组织机构及其产生办法、职权和议事规则；

（七）财务管理和盈余分配、亏损处理；

（八）解散事由和清算办法；

（九）需要规定的其他事项。

第十四条 农村资金互助社的筹建申请由银监分局受理并初步审查，银监局审查并决定；开业申请由银监分局受理、审查并决定。银监局所在城市的乡（镇）、行政村农村资金互助社的筹建、开业申请，由银监局受理、审查并决定。

第十五条 经批准设立的农村资金互助社，由银行业监督管理机构颁发金融许可证，并按工商行政管理部门规定办理注册登记，领取营业执照。

第十六条 农村资金互助社不得设立分支机构。

第三章 社员和股权管理

第十七条 农村资金互助社社员是指符合本规定要求的入股条件，承认并遵守章程，向农村资金互助社入股的农民及农村小企业。章程也可以限定其社员为某一农村经济组织的成员。

第十八条 农民向农村资金互助社入股应符合以下条件：

（一）具有完全民事行为能力；

（二）户口所在地或经常居住地（本地有固定住所且居住满3年）在入股农村资金互助社所在乡（镇）或行政村内；

（三）入股资金为自有资金且来源合法，达到章程规定的入股金额起点；

（四）诚实守信，声誉良好；

（五）银行业监督管理机构规定的其他条件。

第十九条　农村小企业向农村资金互助社入股应符合以下条件：

（一）注册地或主要营业场所在入股农村资金互助社所在乡（镇）或行政村内；

（二）具有良好的信用记录；

（三）上一年度盈利；

（四）年终分配后净资产达到全部资产的 10％以上（合并会计报表口径）；

（五）入股资金为自有资金且来源合法，达到章程规定的入股金额起点；

（六）银行业监督管理机构规定的其他条件。

第二十条　单个农民或单个农村小企业向农村资金互助社入股，其持股比例不得超过农村资金互助社股金总额的 10％，超过 5％的应经银行业监督管理机构批准。

社员入股必须以货币出资，不得以实物、贷款或其他方式入股。

第二十一条　农村资金互助社应向入股社员颁发记名股金证，作为社员的入股凭证。

第二十二条　农村资金互助社的社员享有以下权利：

（一）参加社员大会，并享有表决权、选举权和被选举权，按照章程规定参加该社的民主管理；

（二）享受该社提供的各项服务；

（三）按照章程规定或者社员大会（社员代表大会）决议分享盈余；

（四）查阅该社的章程和社员大会（社员代表大会）、理事会、监事会的决议、财务会计报表及报告；

（五）向有关监督管理机构投诉和举报；

（六）章程规定的其他权利。

第二十三条 农村资金互助社社员参加社员大会，享有一票基本表决权；出资额较大的社员按照章程规定，可以享有附加表决权。该社的附加表决权总票数，不得超过该社社员基本表决权总票数的20％。享有附加表决权的社员及其享有的附加表决权数，应当在每次社员大会召开时告知出席会议的社员。章程可以限制附加表决权行使的范围。

社员代表参加社员代表大会，享有一票表决权。

不能出席会议的社员（社员代表）可授权其他社员（社员代表）代为行使其表决权。授权应采取书面形式，并明确授权内容。

第二十四条 农村资金互助社社员承担下列义务：

（一）执行社员大会（社员代表大会）的决议；

（二）向该社入股；

（三）按期足额偿还贷款本息；

（四）按照章程规定承担亏损；

（五）积极向本社反映情况，提供信息；

（六）章程规定的其他义务。

第二十五条 农村资金互助社社员不得以所持本社股金为自己或他人担保。

第二十六条 农村资金互助社社员的股金和积累可以转让、继承和赠予，但理事、监事和经理持有的股金和积累在任职期限内不得转让。

第二十七条 同时满足以下条件，社员可以办理退股。

（一）社员提出全额退股申请；

（二）农村资金互助社当年盈利；

（三）退股后农村资金互助社资本充足率不低于8％；

（四）在本社没有逾期未偿还的贷款本息。

要求退股的，农民社员应提前3个月，农村小企业社员应提前 6 个月向理事会或经理提出，经批准后办理退股手续。退股社员的社员资格在完成退股手续后终止。

第二十八条 社员在其资格终止前与农村资金互助社已订立的合同，应当继续履行；章程另有规定或者与该社另有约定的除外。

第二十九条 社员资格终止的，农村资金互助社应当按照章程规定的方式、期限和程序，及时退还该社员的股金和积累份额。社员资格终止的当年不享受盈余分配。

第四章 组织机构

第三十条 农村资金互助社社员大会由全体社员组成，是该社的权力机构。社员超过 100 人的，可以由全体社员选举产生不少于 31 名的社员代表组成社员代表大会，社员代表大会按照章程规定行使社员大会职权。

社员大会（社员代表大会）行使以下职权：

（一）制定或修改章程；

（二）选举、更换理事、监事以及不设理事会的经理；

（三）审议通过基本管理制度；

（四）审议批准年度工作报告；

（五）审议决定固定资产购置以及其他重要经营活动；

（六）审议批准年度财务预、决算方案和利润分配方案、弥补亏损方案；

（七）审议决定管理和工作人员薪酬；

（八）对合并、分立、解散和清算等做出决议；

（九）章程规定的其他职权。

第三十一条 农村资金互助社召开社员大会（社员代表大会），出席人数应当达到社员（社员代表）总数 2/3 以上。

社员大会（社员代表大会）选举或者做出决议，应当由该社社员（社员代表）表决权总数过半数通过；做出修改章程或者合并、分立、解散和清算的决议应当由该社社员表决权总数的 2/3 以上通过。章程对表决权数有较高规定的，从其规定。

第三十二条 农村资金互助社社员大会(社员代表大会)每年至少召开一次,有以下情形之一的,应当在 20 日内召开临时社员大会(社员代表大会):

(一)三分之一以上的社员提议;

(二)理事会、监事会、经理提议;

(三)章程规定的其他情形。

第三十三条 农村资金互助社社员大会(社员代表大会)由理事会召集,不设理事会的由经理召集,应于会议召开 15 日前将会议时间、地点及审议事项通知全体社员(社员代表)。章程另有规定的除外。

第三十四条 农村资金互助社召开社员大会(社员代表大会)、理事会应提前 5 个工作日通知属地银行业监督管理机构,银行业监督管理机构有权参加。

社员大会(社员代表大会)、理事会决议应在会后 10 日内报送银行业监督管理机构备案。

第三十五条 农村资金互助社原则上不设理事会,设立理事会的,理事不少于 3 人,设理事长 1 人,理事长为法定代表人。理事会的职责及议事规则由章程规定。

第三十六条 农村资金互助社设经理 1 名(可由理事长兼任),未设理事会的,经理为法定代表人。经理按照章程规定和社员大会(社员代表大会)的授权,负责该社的经营管理。

经理事会、监事会同意,经理可以聘任(解聘)财务、信贷等工作人员。

第三十七条 农村资金互助社理事、经理任职资格需经属地银行业监督管理机构核准。农村资金互助社理事长、经理应具备高中或中专及以上学历,上岗前应通过相应的从业资格考试。

第三十八条 农村资金互助社应设立由社员、捐赠人以及向其提供融资的金融机构等利益相关者组成的监事会,其成员一般不少于 3 人,设监事长 1 人。监事会按照章程规定和社员大会(社员代表大会)授权,对农村资金互助社的经营活动进行监督。监事会的职责及议事规则由章程规定。农村资金互助社经理和工作人员不得兼任监事。

第三十九条 农村资金互助社的理事、监事、经理和工作人员不得有以下行为:

(一)侵占、挪用或者私分本社资产;

(二)将本社资金借贷给非社员或者以本社资产为他人提供担保;

(三)从事损害本社利益的其他活动。

违反上述规定所得的收入,应当归该社所有;造成损失的,应当承担赔偿责任。

第四十条 执行与农村资金互助社业务有关公务的人员不得担任农村资金互助社的理事长、经理和工作人员。

第五章 经营管理

第四十一条 农村资金互助社以吸收社员存款、接受社会捐赠资金和向其他银行业金融机构融入资金作为资金来源。

农村资金互助社接受社会捐赠资金,应由属地银行业监督管理机构对捐赠人身份和资金来源合法性进行审核;向其他银行业金融机构融入资金应符合本规定要求的审慎条件。

第四十二条 农村资金互助社的资金应主要用于发放社员贷款,满足社员贷款需求后确有富余的可存放其他银行业金融机构,也可购买国债和金融债券。

农村资金互助社发放大额贷款、购买国债或金融债券、向其他银行业金融机构融入资金,应事先征求理事会、监事会意见。

第四十三条 农村资金互助社可以办理结算业务,并按有关规定开办各类代理业务。

第四十四条 农村资金互助社开办其他业务应经属地银行业监督管理机构及其他有关部门批准。

第四十五条 农村资金互助社不得向非社员吸收存款、发放贷款及办理其他金融业务，不得以该社资产为其他单位或个人提供担保。

第四十六条　农村资金互助社根据其业务经营需要，考虑安全因素，应按存款和股金总额一定比例合理核定库存现金限额。

第四十七条　农村资金互助社应审慎经营，严格进行风险管理：

（一）资本充足率不得低于 8%；

（二）对单一社员的贷款总额不得超过资本净额的 15%；

（三）单一农村小企业社员及其关联企业社员、单一农民社员及其在同一户口簿上的其他社员贷款总额不得超过资本净额的 20%；

（四）对前十大户贷款总额不得超过资本净额的 50%；

（五）资产损失准备充足率不得低于 100%；

（六）银行业监督管理机构规定的其他审慎要求。

第四十八条　农村资金互助社执行国家有关金融企业的财务制度和会计准则，设置会计科目和法定会计账册，进行会计核算。

第四十九条　农村资金互助社应按照财务会计制度规定提取呆账准备金，进行利润分配，在分配中应体现多积累和可持续的原则。

农村资金互助社当年如有未分配利润（亏损）应全额计入社员积累，按照股金份额量化至每个社员。

第五十条　农村资金互助社监事会负责对本社进行内部审计，并对理事长、经理进行专项审计、离任审计，审计结果应当向社员大会（社员代表大会）报告。

社员大会（社员代表大会）也可以聘请中介机构对本社进行审计。

第五十一条　农村资金互助社应按照规定向社员披露社员股金和积累情况、财务会计报告、贷款及经营风险情况、投融资情况、盈利及其分配情况、案件和其他重大事项。

第五十二条　农村资金互助社应按规定向属地银行业监督管理机构报送业务和财务报表、报告及相关资料，并对所报报表、报告和相关资料的真实性、准确性、完整性负责。

第六章　监督管理

第五十三条　银行业监督管理机构按照审慎监管要求对农村资金互助社进行持续、动态监管。

第五十四条　银行业监督管理机构根据农村资金互助社的资本充足和资产风险状况，采取差别监管措施。

（一）资本充足率大于8％、不良资产率在5％以下的，可向其他银行业金融机构融入资金，属地银行业监督管理部门有权依据其运营状况和信用程度提出相应的限制性措施。银行业监督管理机构可适当降低对其现场检查频率。

（二）资本充足率低于8％大于2％的，银行业监督管理机构应禁止其向其他银行业金融机构融入资金，限制其发放贷款，并加大非现场监管及现场检查的力度。

（三）资本充足率低于2％的，银行业监督管理机构应责令其限期增扩股金、清收不良贷款、降低资产规模，限期内未达到规定的，要求其自行解散或予以撤销。

第五十五条　农村资金互助社违反本规定其他审慎性要求的，银行业监督管理机构应责令其限期整改，并采取相应监管措施。

第五十六条　农村资金互助社违反有关法律、法规，存在超业务范围经营、账外经营、设立分支机构、擅自变更法定变更事项等行为的，银行业监督管理机构应责令其改正，并按《中华人民共和国银行业监督管理法》和《金融违法行为处罚办法》等法律法规进行处罚；对理事、经理、工作人员的违法违规行为，可责令农村资金互助社给予处分，并视不同情形，对理事、经理给予取消一定期限直至终身任职资格的处分；构成犯罪的，移交司法机关，依法追究刑事责任。

第五十七条 本规定的处罚，由银行业监督管理机构按其监管权限决定并组织实施。当事人对处罚决定不服的，可以向作出处罚决定的银行业监督管理机构的上一级机构提请行政复议；对行政复议决定不服的，可向人民法院申请行政诉讼。

第七章 合并、分立、解散和清算

第五十八条 农村资金互助社合并，应当自合并决议做出之日起 10 日内通知债权人。合并各方的债权、债务应当由合并后存续或者新设的机构承继。

第五十九条 农村资金互助社分立，其财产作相应的分割，并应当自分立决议做出之日起 10 日内通知债权人。分立前的债务由分立后的机构承担连带责任，但在分立前与债权人就债务清偿达成书面协议，另有约定的除外。

第六十条 农村资金互助社因以下原因解散：

(一)章程规定的解散事由出现；

(二)社员大会决议解散；

(三)因合并或者分立需要解散；

(四)依法被吊销营业执照或者被撤销。

因前款第一项、第二项、第四项原因解散的，应当在解散事由出现之日起 15 日内由社员大会推举成员组成清算组，开始解散清算。逾期不能组成清算组的，社员、债权人可以向人民法院申请指定社员组成清算组进行清算。

第六十一条 清算组自成立之日起接管农村资金互助社，负责处理与清算有关未了结业务，清理财产和债权、债务，分配清偿债务后的剩余财产，代表农村资金互助社参与诉讼、仲裁或者其他法律事宜。

第六十二条 农村资金互助社因本规定第六十条第一款的原因解散不能办理社员退股。

第六十三条 清算组负责制定包括清偿农村资金互助社员工的工资及社会保险费用，清偿所欠税款和其他各项债务，以及分配剩余财产在内的清算方案，经社员大会通过后实施。

第六十四条　清算组成员应当忠于职守，依法履行清算义务，因故意或者重大过失给农村资金互助社社员及债权人造成损失的，应当承担赔偿责任。

第六十五条　农村资金互助社因解散、被撤销而终止的，应当向发证机关缴回金融许可证，及时到工商行政管理部门办理注销登记，并予以公告。

第八章　附则

第六十六条　本规定所称农村地区，是指中西部、东北和海南省的县(市)及县(市)以下地区，以及其他省(自治区、直辖市)的国定贫困县和省定贫困县及县以下地区。

第六十七条　本规定由中国银行业监督管理委员会负责解释。

第六十八条　本规定自发布之日起施行。

参考文献

［1］农业部．农民专业合作社 100 问．北京：中国农业出版社，2013.

［2］刘会想．农民专业合作社知识手册．天津：天津科技翻译出版公司，2013.

［3］申龙均，李中华．农民合作社论．北京：社会科学文献出版社，2012.

［4］张秀莲．简析我国政府扶持农民专业合作社的政策举措．经济体制改革，2012(6)：94～98.

［5］沈柳，石言弟．农民专业合作社：政府支持农业的平台．江苏农村经济，2010(9)：38～40.

［6］陈天宝．农村产权制度改革．北京：中国社会出版社，2010.

［7］张宝华，何启生，刘友洪．农村新型合作经济组织发展实务．北京：中国农业出版社，2012.

［8］郑有贵，等．农民专业合作社建设与管理．北京：中国农业出版社，2012.

［9］李瑞芬．城郊农村如何办好农民专业合作经济组织．北京：金盾出版社，2010.

［10］缪建平．中国农业专业合作经济组织发展的特色及其必然趋势．北京：中国农业出版社，2010.